Volker Münch
Patentbegriffe von A bis Z

© VCH Verlagsgesellschaft mbH, D-6940 Weinheim (Bundesrepublik Deutschland), 1992

Vertrieb:
VCH, Postfach 101161, D-6940 Weinheim (Bundesrepublik Deutschland)
Schweiz: VCH, Postfach, CH-4020 Basel (Schweiz)
Großbritannien und Irland: VCH (UK) Ltd., 8 Wellington Court,
    Cambridge CB1 1HZ (England)
USA und Canada: VCH, Suite 909, 220 East 23rd Street, New York, NY 10010-4606 (USA)

ISBN 3-527-28402-8 (VCH, Weinheim)

Volker Münch

Patentbegriffe von A bis Z

Weinheim · New York · Basel · Cambridge

Dr. Volker Münch
zugelassener Vertreter
beim Europäischen Patentamt
BASF Aktiengesellschaft
Patentabteilung ZSP/F–C6
D-6700 Ludwigshafen

Das vorliegende Werk wurde sorgfältig erarbeitet. Dennoch übernehmen Autor, Herausgeber und Verlag für die Richtigkeit von Angaben, Hinweisen und Ratschlägen sowie für eventuelle Druckfehler keine Haftung.

Lektorat: Dr. Christina Dyllick-Brenzinger
Herstellerische Betreuung: Dipl.-Wirt.-Ing. (FH) Hans-Jochen Schmitt

Die Deutsche Bibliothek – CIP-Einheitsaufnahme
Münch, Volker:
Patentbegriffe von A bis Z / Volker Münch. – Weinheim :
VCH, 1992
    ISBN 3-527-28402-8
NE: HST

©VCH Verlagsgesellschaft mbH, D-6940 Weinheim (Federal Republic of Germany), 1992

Gedruckt auf säurefreiem Papier

Alle Rechte, insbesondere die der Übersetzung in andere Sprachen, vorbehalten. Kein Teil dieses Buches darf ohne schriftliche Genehmigung des Verlages in irgendeiner Form – durch Photokopie, Mikroverfilmung oder irgendein anderes Verfahren – reproduziert oder in eine von Maschinen, insbesondere von Datenverarbeitungsmaschinen, verwendbare Sprache übertragen oder übersetzt werden. Die Wiedergabe von Warenbezeichnungen, Handelsnamen oder sonstigen Kennzeichen in diesem Buch berechtigt nicht zu der Annahme, daß diese von jedermann frei benutzt werden dürfen. Vielmehr kann es sich auch dann um eingetragene Warenzeichen oder sonstige gesetzlich geschützte Kennzeichen handeln, wenn sie nicht eigens als solche markiert sind.
All rights reserved (including those of translation into other languages). No part of this book may be reproduced in any form – by photoprinting, microfilm, or any other means – nor transmitted or translated into a machine language without written permission from the publishers. Registered names, trademarks, etc. used in this book, even when not specifically marked as such, are not to be considered unprotected by law.
Satz: U. Hellinger, D-6901 Heiligkreuzsteinach
Druck: Progress-Druck, D-6720 Speyer
Bindung: Großbuchbinderei J. Schäffer, D-6718 Grünstadt

Printed in the Federal Republic of Germany

Für Elke

Inhalt

Vorwort	IX
Benutzungshinweise	XI
Lexikalischer Teil	1
Fachbegriffe deutsch-englisch	85
Fachbegriffe englisch-deutsch	98
Anhang	111

1 Der Lebenslauf einer Anmeldung

2 Der Informationsgehalt des Deckblatts einer europäischen Patentanmeldung

3 Der Informationsgehalt des europäischen Recherchenberichts

4 Der Informationsgehalt des Deckblatts eines europäischen Patents

5 Der Informationsgehalt des Deckblatts eines U.S.- Patents

Vorwort

Das vorliegende kleine Lexikon wendet sich an den Forscher und Entwickler – kurz gesagt den Erfinder –, der allein schon in Folge der eigenen erfinderischen Tätigkeit bei der täglichen Arbeit mit gewerblichen Schutzrechten wie Patentanmeldungen und Patenten in Berührung kommt, sei es mit den eigenen oder denjenigen der Konkurrenz. Außerdem häuft der Erfinder bei seiner Tätigkeit stets eine stolze Zahl von Arbeitsergebnissen an mit dem Bewußtsein, daß sich hinter all diesen Ergebnissen Erfindungen verbergen, die es herauszuarbeiten und im Inland und Ausland anzumelden gilt. Hierfür wird er in der Regel die Hilfe seines Patentanwalts oder der Kollegen aus der Patentabteilung seiner Firma in Anspruch nehmen. Spätestens dabei kommt er mit juristisch-technischen Patentfachsprachen in Berührung, deren Sinn und Bedeutung ihm häufig verschlossen bleiben. Hierunter leidet aber die Verständigung zwischen dem Erfinder und seinem Patentanwalt oder seinen Kollegen in der Patentabteilung; diese Verständigung ist jedoch für das Zustandekommen der Patentanmeldung und deren Weiterführung zum Patent essentiell. Häufig entmutigen die Kommunikationsprobleme den Erfinder mit der Folge, daß wertvolle Arbeitsergebnisse in der Schublade, dem Laborjournal oder dem Personal Computer verbleiben, nicht in Schutzrechte umgesetzt werden, der Öffentlichkeit entzogen werden und keinen Beitrag für die Weiterentwicklung der Technik leisten können. Von dieser Weiterentwicklung hängt aber nach wie vor die Lösung der uns bedrängenden Probleme – auch der ökologischen – ab.

Dieses Buch soll einen kleinen Beitrag dazu leisten, die angesprochenen Kommunikationsprobleme abzubauen mit dem Ziel, dem Erfinder bei seiner täglichen Arbeit das Erkennen und Anmelden von Erfindungen zu erleichtern. Vielleicht erweist es sich auch als hilfreich für Berufsgruppen, zu deren täglicher Aufgabe das Erfinden zwar nicht gehört, welche aber aus dem gewerblichen Rechtsschutz nicht mehr wegzudenken sind – die Dokumentations- und Recherchespezialisten und die Übersetzer und Dolmetscher. Zu diesem Zweck habe ich die deutschen und amerikanischen Ausdrücke und Fachtermini, mit denen der Erfinder bei der Verfolgung seiner Patentanmeldung in Deutschland, in Europa und in den U.S.A. der Erfahrung nach am häufigsten konfrontiert wird, in alphabetischer Reihenfolge zusammengestellt und kurz erklärt. Dort wo es sich anbietet, habe ich möglichst einfache Beispiele zur Verdeutlichung herangezogen. Außerdem wird das Lexikon durch eine Liste der deutsch-englischen und englisch-deutschen Fachbegriffe ergänzt, welche den Einstieg in das Lexikon erleichtern soll. Des weiteren wird in einem Anhang der Informationsgehalt der Deckblätter von Patentschriften und des europäischen Recherchenberichts beispielhaft erläutert, und es wird der typische „Lebenslauf" einer

Patentanmeldung in Deutschland, in Europa und in den U.S.A. schematisch im Überblick dargestellt.

Die Erarbeitung dieses Lexikons wäre mir ohne die Vorarbeit von Herrn Patentassessor Dr. Michaelis, Patentabteilung der BASF Aktiengesellschaft, Ludwigshafen, kaum möglich gewesen. Dr. Michaelis hat mir eine vorzügliche Ausbildung auf dem Gebiet des gewerblichen Rechtsschutzes angedeihen lassen, und ich konnte auf sein Stichwortverzeichnis der wichtigsten Begriffe des Patentrechts aus seinem GDCh-Kurs „Einführung in den gewerblichen Rechtsschutz" als Ausgangsbasis zurückgreifen. Außerdem hat mich Herr Patentassessor Dr. Höller, Abteilungsdirektor, Patentabteilung der BASF Aktiengesellschaft, Ludwigshafen, durch seine wohlwollende Unterstützung dazu ermutigt, das vorliegende Projekt anzupacken und durchzuführen. Ihnen gilt deshalb mein besonderer Dank.

Ludwigshafen Volker Münch
im Juni 1991

Benutzungshinweise

Die Stichworte sind alphabetisch geordnet. Umlaute (ä, ö, ü) sind wie ae, oe, ue eingeordnet. Nach dem Stichwort folgt in geschweiften Klammern { } das englische oder deutsche Äquivalent, des weiteren die Erläuterung oder der durch einen Pfeil → gekennzeichnete Querverweis auf das Stichwort, unter dem sich die Erläuterung findet. Sofern das in geschweifte Klammern { } gesetzte Äquivalent wiederum ein selbständiges Stichwort darstellt, wird dies gleichfalls durch einen Pfeil → kenntlich gemacht. Fehlt zu einem Stichwort ein entsprechendes englisches oder deutsches Äquivalent, wird durch einen in geschweifte Klammern gesetzten Gedankenstrich {—} darauf hingewiesen. Wo es nützlich erscheint, wird im Text ggf. in runden Klammern und am Textende jeweils durch Pfeile → auf weitere Stichworte verwiesen, welche für den jeweils angesprochenen Sachverhalt von Bedeutung sind.

A

abandonment, {→ Verzicht}, → withdrawal, → Zurückziehung

abhängige Ansprüche, {→ dependant claims}, → Patentansprüche

abhängiges Patent, {subservient patent}, ein jüngeres → Patent, bei dessen Ausübung man zwangsweise von der Lehre eines vorgängigen Patents Gebrauch machen muß (z.B lehrt das ältere Patent die Verwendung organischer Säuren, das jüngere dagegen die Verwendung von Essigsäure, → Auswahlerfindung). Solche Abhängigkeiten sind eine allgemeine Erscheinung bei Rechtsverhältnissen.

absolute Eintragungshindernisse, {statutory bar to trade mark registration}, nach dem Warenzeichengesetz gibt es kein Warenzeichenschutz für Staatssymbole, Zahlen, Buchstaben etc.; Ausnahmen bei Autorisierung (Olympiaringe) oder Verkehrsdurchsetzung (4711).

absolute Neuheit, {universal novelty}, → Neuheit, → Stand der Technik

abstract, {→ Zusammenfassung}

Abzweigung, {branching}, bis zu 10 Jahre nach dem → Anmeldetag einer deutschen oder einer europäischen Patentanmeldung mit der → Benennung → DE (→ Anmeldung) oder eines entsprechenden → Patents kann

(i) der → Anmelder nach der Erledigung seiner Anmeldung z.B. durch → Erteilung oder → Zurückziehung oder

(ii) der → Patentinhaber nach der rechtskräftigen Beendigung (→ Rechtskraft) eines Einspruchsverfahrens (→ Einspruch) gegen sein Patent

binnen zweier Monate beim → DPA für ein und denselben → Erfindungsgegenstand ein → Gebrauchsmuster anmelden und dabei den → Anmeldetag samt → Priorität der ursprünglichen Patentanmeldung in Anspruch nehmen. Dies kann von großer Bedeutung sein, wenn der Gegenstand der Anmeldung oder des Patents nicht mehr als patentfähig, wohl aber noch als gebrauchsmusterfähig erscheint. Dies wäre z.B. dann der Fall, wenn der Erfindungsgegenstand in den U.S.A., nicht jedoch in Deutschland offenkundig vorbenutzt wurde. Diese ausländische Vorbenutzung zählt im Hinblick auf ein Gebrauchsmuster nicht zum → Stand der Technik!

ältere Anmeldung, {prior application}, steht nur in ein und demselben Land (→ Territorialitätsprinzip) einer jüngeren Anmeldung vollinhaltlich neuheitsschädlich patenthindernd im Wege (→ Neuheit, → Stand der Technik)). So ist eine ältere Anmeldung in → GB ohne Bedeutung für eine jüngere Anmeldung

älteres Recht

in → DE. Die ältere Anmeldung ist vor dem → Prioritätstag der jüngeren → Anmeldung angemeldet, aber erst danach veröffentlicht worden. Sie kann nicht für die Beurteilung der → erfinderischen Tätigkeit herangezogen werden. Sie wird manchmal auch inkorrekt mit dem inzwischen überholten Begriff → älteres Recht bezeichnet.

älteres Recht, {prior right}, durch gegenwärtiges deutsches und europäisches (→ EPÜ) Patentrecht überholter Begriff, der zuweilen noch für die → ältere Anmeldung verwendet wird. Nur die → Patentansprüche des jüngeren deutschen Rechts waren gegen diejenigen des älteren abzugrenzen, und dies auch nur dann, wenn die ältere deutsche Anmeldung rechtskräftig zum Patent geführt hatte.

Änderung der Patentanmeldung, {→ amendment, correction of an application}, ist in → DE oder → EP ohne Prüfungsantrag nur bei offensichtlichen Unrichtigkeiten möglich, ansonsten nur nach Prüfungsantrag im Verlauf des Prüfungsverfahrens (→ Prüfung). Es sind nur solche Änderungen zulässig, die nicht über den → Inhalt der Anmeldung in der ursprünglich eingereichten Fassung hinausgehen, alles andere ist → unzulässige Erweiterung. → introduction of new matter

äquivalente Anmeldungen und Schutzrechte, {corresponding applications and industrial property rights}, sind → korrespondierende Anmeldungen und Schutzrechte, welche auf eine gemeinsame prioritätsbegründende → Anmeldung zurückgehen (→ Auslandsanmeldungen, → Priorität). Sie werden häufig auch als → copending applications, → Parallelanmeldungen oder → Patentfamilie bezeichnet.

Äquivalenz, {→ equivalence}, ist die Ähnlichkeit einer → Ausführungsform mit der gemäß → Patentanspruch wörtlich geschützten Sache. Mittel und Maßnahmen, welche zwar im Patentanspruch nicht wörtlich genannt sind, welche indes die → Aufgabe der → Erfindung technisch gleichwirkend lösen, nennt man äquivalent; sie fallen unter den → Schutzbereich des Patents (beansprucht sind z.B. Schrauben als Befestigungsmittel; in dieser Hinsicht sind Nägel äquivalent, weil gleichwirkend). → best mode, → erfinderische Tätigkeit, → Neuheit, → verschlechterte Ausführungsform

affidavit, {eidestattliche Erklärung}, → declaration

Aggregation, {aggregation}, ist die nicht erfinderische und daher nicht patentfähige Aneinanderreihung oder Anhäufung einzelner bekannter Elemente (z.B. Kühlschrank mit Stereoanlage). Es ist häufig streitig, ob nicht doch eine patentfähige → Kombination vorliegt, welche einen → synergistischen Effekt bewirkt. → besonderer unerwarteter technischer Effekt, → erfinderische Tätigkeit, → Patentfähigkeit

Akteneinsicht, {inspection of files}, in die Akten von veröffentlichten → Anmeldungen und von → Patenten steht jedermann frei. Die Akteneinsicht ist ein wertvolles Mittel, um etwas über den technischen und rechtlichen Hintergrund eines Patents zu erfahren.

allowability, {Erteilungsfähigkeit}, → allowance

allowance, {Bewilligung}, höchstwillkommene Feststellung des → Examiner des → USPTO in der → Notice of Allowance, daß die Anmeldung erteilungsfähig, d.h. patentfähig (→ Patentfähigkeit), ist und demnächst als → Patent veröffentlicht werden kann. → application, → Date of Patent, → grant of patent, → issue

amendment, {Änderung, Berichtigung}, Abhilfe und Änderungsvorschläge, welche der → applicant in einer umfassenden → Eingabe (→ response) an das → USPTO macht, um die formalen und technischen Einwände (→ objection), welche der → Examiner in der → Office Action gegen die → patentability der → application erhoben hat, zu entkräften und zu widerlegen. → declaration, → Examination, → final rejection, → rejection

Amtssprache, {official language}, → EPÜ

Analogieverfahren, {analogous process}, → Herstellungsverfahren

Anhörung, {→ interview, hearing}, ist die persönliche Rücksprache des → Anmelders mit dem → Prüfer beim → DPA oder beim → EPA im Rahmen des Prüfungsverfahrens (→ Prüfung); sie ist weniger offiziell als eine → mündliche Verhandlung.

Anmeldeamt, {Receiving Office}, ein → Patentamt, bei dem eine → internationale Patentanmeldung wirksam eingereicht werden kann. Hierbei kann es sich um ein nationales → Patentamt wie das → DPA oder das → USPTO oder um ein zwischenstaatliches wie das → EPA handeln. → PCT

Anmeldepflicht, {obligation to file an application}, nach dem deutschen Arbeitnehmererfindungsgesetz muß eine Diensterfindung (→ Diensterfinder) vom Arbeitgeber nach der → Erfindungsmeldung und der → Inanspruchnahme unverzüglich zum → Patent angemeldet werden; es sei denn der Arbeitgeber behandelt sie als ein → Betriebsgeheimnis. Der → Erfinder muß hierbei den Arbeitgeber bei der Erlangung von Patenten unterstützen. → Know-How

Anmelder, {→ applicant}, oder Patent- bzw. Schutzrechtsanmelder ist eine natürliche oder juristische Person (z.B. eine Aktiengesellschaft), welche ein →

Patent oder ein anderes → Schutzrecht anmeldet. Der Anmelder kann, er muß aber nicht der → Erfinder sein. Er gilt als berechtigt, d.h. es wird bis zum Beweis des Gegenteils angenommen, daß er ein Anrecht auf die Erfindung hat. Anders in den U.S.A.. → Anmelderprinzip, → assignee, → Erfinderdollar, → inventor

Anmelderprinzip, {→ first-to-file (system)}, wer zuerst kommt, mahlt zuerst: der erste → Anmelder hat das Recht auf das → Patent, unabhängig davon, wer die Erfindung zuerst gemacht hat. Anders in den U.S.A., dort gilt das → Erfinderprinzip. → first-to-invent (system), → interference

Anmeldetag, {→ filing date}, Tag der → Anmeldung eines → Schutzrechtes bei einem → Patentamt. Der Anmeldetag kann mit dem → Prioritätstag übereinstimmen. Die → Laufzeit eines Patents beginnt mit dem Anmeldetag; eine der wenigen noch existierenden Ausnahmen machen die U.S.A. → U.S.-Patentrecht, → term of patent

Anmeldung, {→ application}, der Vorgang des Anmeldens oder die angemeldete Erfindung.

Anspruch, {→ claims, title}, Rechtstitel, welcher es gestattet, von einem anderen (einem Dritten) ein Tun oder ein Unterlassen zu verlangen. Im engeren Sinne versteht man hierunter einen Patentanspruch (→ Patentansprüche).

Anspruchsfassung, {type of claim}, die sogenannte zweiteilige Fassung von → Patentansprüchen besteht aus → Oberbegriff und → kennzeichnendem Teil, welche durch die Wendung „dadurch gekennzeichnet, daß" von einander abgehoben sind. Im Obergegriff stehen die Merkmale der → Erfindung, welche nach Ansicht des → Erfinders oder → Anmelders dem → Stand der Technik angehören, im kennzeichnenden Teil das, was der Anmelder oder Erfinder als die wesentlichen, d.h. neuen, Merkmale seiner Erfindung ansieht. Diese Trennung spielt im → Verletzungsprozeß bei der Feststellung des → Erfindungs- oder → Patentgegenstands und bei der Ermittlung des → Schutzbereichs keine Rolle; dort erfolgt eine reine Merkmalsauflistung (→ Merkmalsanalyse), unabhängig davon, ob die Merkmale im Oberbegriff oder im kennzeichnenden Teil stehen. Deshalb geht man heute immer mehr dazu über, einteilige Anspruchsfassungen zu verwenden, welche lediglich nach den Merkmalen (Stoffeigenschaften, Verfahrensschritte etc.) gegliedert sind und welche in den U.S.A. ohnedies die gängigen Anspruchsfassungen sind. → Jepson type claim

anticipation, {→ Vorwegnahme}, die fehlende → Neuheit einer → Erfindung führt zur → rejection under 35 U.S.C. 102. → Neuheitsschonfrist, → novelty

Antrag, {→ application, motion, petition, proposal, request}, Gesuch an Behörden und Gerichte, welches auf einer klaren Rechtsgrundlage steht und deshalb durchsetzbar ist. Mit dem Antrag wird häufig eine Gebühr fällig, ohne deren Entrichtung der Antrag als nicht gestellt gilt.

appeal, {→ Berufung, → Beschwerde}

applicant, {→ Anmelder}, einer U.S.-Patentanmeldung. An und für sich kann in den U.S.A. nur der → inventor ohne weiteres eine → invention anmelden. Ist der applicant nicht der inventor muß er nachweisen, daß ihm die invention durch den inventor zum Zwecke der → Anmeldung in den U.S.A. übertragen (assigned to) worden ist. Der Anmelder ist somit Treuhänder oder Bevollmächtigter (→ assignee) des Erfinders. Häufig erhält der angestellte inventor für die Übertragung oder den Verkauf seiner invention an den assignee den symbolischen → Erfinderdollar.

application, {→ Anmeldung}, → continuation application, → continuation-in-part application, → divisional application, → parent application

Arbeitnehmererfinderrecht, {law relating to inventions of employees}, wird im Arbeitnehmererfindungsgesetz, einer deutschen Besonderheit, geregelt und sichert im Nutzungsfall dem → Diensterfinder eine angemessene wirtschaftliche Vergütung an seiner → Erfindung zu (nur bei → Patenten und → Gebrauchsmustern). → Erfindervergütung, → Monopolprinzip

Arbeitsverfahren, {method, process}, Sonderform eines Verfahrens (z.B. zum Reinigen von Treppen), bei welchem die bearbeitete Sache (Treppe) als solche nicht verändert wird. Ein → Patentanspruch, welcher sich als → Verfahrensanspruch auf ein Arbeitsverfahren richtet, schützt damit nicht zugleich auch die bearbeitete Sache; anders bei → Herstellungsverfahren, dort ist die hergestellte Sache mitgeschützt.

Arzneimittel, {pharmaceuticals}, sind in → DE und → EP im Gegensatz zu den chirurgischen und therapeutischen medizinischen Verfahren, in welchen sie angewandt werden, patentierbar. → gewerbliche Anwendbarkeit, → Patentierungsverbote, → U.S.-Patentrecht, → zweite medizinische Indikation

assignee, {Rechtsnachfolger durch Abtretung oder Übertragung}, → applicant

AT, Abk. für → Österreich, → Vertragsstaat des → EPÜ

AU, Abk. für → Australien

Aufgabe der Erfindung, {object of the invention}, ist ein patentrechtlich mehrdeutiger Begriff! Die Aufgabe braucht nicht die wahre Entstehungsgeschichte der → Erfindung widerzuspiegeln, sondern kann im Nachhinein formuliert werden. Heutzutage wird häufig das Konzept der „objektiv feststellbaren Aufgabe" angewandt. Hierunter versteht man das Mehr an → Vorteilen, welches eine Erfindung gegenüber dem → Stand der Technik aufweist bzw. die Vorteile, welche nicht durch den Stand der Technik nahegelegt werden (z.b. war es im Hinblick auf den Stand der Technik trivial, anstelle von Methanol Ethanol als Lösungsmittel zu verwenden; es war aber nicht abzusehen, daß Ethanol in Wasser als Genußmittel verwendet werden kann; dieser „überschüssige" Vorteil wird nun auf einmal zur „objektiv festgestellten Aufgabe", unabhängig davon, daß der Erfinder ursprünglich seine „subjektive Aufgabe" in der Bereitstellung eines neuen Lösungsmittels gesehen hat) Das Konzept wird insbesondere vom → EPA für die Beurteilung der → erfinderischen Tätigkeit herangezogen, welche im „Hinblick auf Aufgabe und Lösung" zu erfolgen hat.

aufgeschobene Prüfung, {deferred examination}, während beim → EPA und beim → USPTO jede eingehende → Anmeldung obligatorisch auf → Patentfähigkeit geprüft wird (→ Prüfung), kann beim → DPA und beispielsweise auch bei → JPO mit dem → Antrag auf Prüfung bis zum Ablauf von 7 Jahren nach dem → Anmeldetag gewartet werden. Dies bietet einerseits dem → Anmelder die Möglichkeit abzuschätzen, ob seine → Erfindung doch noch ein wirtschaftlicher Erfolg wird, der einen weiteren Aufwand lohnt, andererseits entlastet es die → Patentämter von der Prüfung von Anmeldungen, welche den Anmelder selbst gar nicht mehr interessieren.

Aufrechterhaltung, {→ maintenance, keeping in force}, je nach dem ob ein eigenes oder ein → Patent der Konkurrenz betroffen ist, das erfreuliche oder unerfreuliche Ergebnis eines → Einspruchs oder einer → Nichtigkeitsklage. Ein Patent kann dabei in vollem (ursprünglichem) Umfang oder in beschränktem Umfang (→ Beschränkung) aufrecht erhalten werden. Die Aufrechterhaltung wird endgültig rechtskräftig (→ Rechtskraft), wenn (i) keiner der Beteiligten am Einspruchs- oder Nichtigkeitsverfahren gegen den Beschluß der (Teil)Aufrechterhaltung → Beschwerde erhebt (Einspruch) oder → Berufung (Nichtigkeitsklage) einlegt oder wenn (ii) das betreffende Beschwerdeverfahren oder Berufungsverfahren abgeschlossen ist. Ansonsten sind für die Aufrechterhaltung einer Patentanmeldung (→ Anmeldung) oder eines Patents die → Jahresgebühren zu zahlen. → Erlöschen, → Widerruf

Ausführbarkeit der Erfindung, {feasibility, practicability}, muß bei sinnvoller Befolgung der → technischen Lehre einer → Anmeldung oder eines → Patents gegeben sein. Eine Erfindung ist nicht ausführbar, wenn zum → Prioritätstag die Mittel zu ihrer Ausführung noch gar nicht vorhanden waren (z.B in der Anmeldung steht, der → Fachmann wisse schon, wie er die Verbindung C herstellen kann; indes waren die hierfür notwendigen Ausgangsverbindungen

A und B am Prioritätstag noch unbekannt gewesen). → Hinterlegung von Mikroorganismen, → Offenbarung, → Wiederholbarkeit

Ausführungsform, {embodiment}, → Äquivalenz, → best mode, → verschlechterte Ausführungsform

ausgewählte Ämter, {Elected Offices}, sind die → Patentämter der Vertragstaaten des → PCT oder auch das → EPA, welche die → internationale vorläufige Prüfung → internationaler Patentanmeldungen durch eine → mit der internationalen vorläufigen Prüfung betrauten Behörde für verbindlich anerkennen. In dem → Antrag auf internationale vorläufige Prüfung muß mindestens ein ausgewähltes Amt benannt werden.

Auslandsanmeldungen, {applications filed abroad}, werden aufgrund des → Auslandsentscheids vor Ablauf des → Prioritätsjahres getätigt. Ziel und Zweck sind der weltweite Erwerb von → äquivalenten oder → korrespondierenden Anmeldungen und Schutzrechten zu der ursprünglichen prioritätsbegründenden Anmeldung (→ Priorität), welche von einem deutschen → Anmelder in der Regel beim → DPA eingereicht worden ist. Die resultierenden Anmeldungen und Schutzrechte gehören dann einer → Patentfamilie an. Wichtig ist, daß die Auslandsanmeldungen vor dem Ablauf des → Prioritätsjahres bei den betreffenden nationalen (z.B. → USPTO, → JPO) oder zwischenstaatlichen Patentbehörden (→ EPA, → PCT) eingehen, damit sie die Priorität der ursprünglichen Anmeldung in Anspruch nehmen können. Bei der Einreichung müssen die Auslandsanmeldungen den jeweiligen nationalen formalen Erfordernissen entsprechen; insbesondere müssen sie in die Landessprache übersetzt sein; es empfiehlt sich daher nicht, die betreffenden → Auslandstexte auf den letzten Drücker zu erstellen. Es sei noch angemerkt, daß für die Übersetzungen hohe Kosten anfallen. → Benennung, → Inanspruchnahme, → internationale Patentanmeldung

Auslandsentscheid, {decision where to file abroad}, ist die Entscheidung darüber, in welchen Ländern der → Gegenstand der prioritätsbegründenden → Anmeldung vor Ablauf des → Prioritätsjahres noch angemeldet werden soll. Wie breit eine → Erfindung weltweit angemeldet wird, richtet sich vor allem nach den jeweiligen Geschäftsinteressen, den Markterfordernissen und dem technischen Gebiet, dem die Erfindung entstammt: So wird man Pflanzenschutzmittel auch in den Agrarstaaten Afrikas und Asiens anmelden, wogegen man sich bei hochtechnischen Produkten auf Europa, Japan und die U.S.A. beschränken wird, ganz einfach weil es in den anderen, weniger industrialisierten Ländern noch kein Marktpotential für diese Produkte gibt. → Auslandsanmeldung, → Auslandstext, → Benennung

Auslandstext, {draft of the application to be filed abroad}, wird gegen Ablauf des → Prioritätsjahres auf der Basis der prioritätsbegründenden → Anmeldung (→ Priorität) zur Vorbereitung der → Auslandsanmeldungen erstellt, welche gemäß dem → Auslandsentscheid eingereicht werden sollen. Es besteht die Möglichkeit, weitere Beispiele und Vergleichsversuche zur Stützung der → Ausführbarkeit und der → erfinderischen Tätigkeit aufzunehmen oder mehrere prioritätsbegründende Anmeldungen zu einem Auslandstext zusammenzufassen. Außerdem werden die → Patentansprüche den jeweiligen nationalen Vorschriften angepaßt (z.B in den U.S.A. keine → Verwendungsansprüche!). → Auslandsanmeldung, → Auslandsentscheid, → U.S.-Patentrecht

Auslegeschrift, {published examined application}, wurde früher als vorläufige Patentschrift nach → Bekanntmachung durch das → DPA herausgegeben. Eine Auslegung erfolgt heutzutage noch in → Japan.

Ausscheidung, {division}, → divisional application, → Teilung von Anmeldungen, → Teilung von Patenten

Aussetzung, {suspension}, ein laufendes behördliches oder gerichtliches Verfahren kann bis zur Beendigung eines anderen Verfahrens ausgesetzt werden, wenn dessen Ergebnis von entscheidender Bedeutung für das laufende Verfahren ist (z.B. Aussetzung eines → Verletzungsprozesses bei aussichtsreicher → Nichtigkeitsklage oder aussichtsreichem → Einspruch gegen das → Streit- oder Klagepatent). → strittiges Patent

Ausstellungspriorität, {priority based on an exhibition}, gibt es nicht mehr bei Patentanmeldungen (→ Anmeldungen) und → Patenten, wohl aber bei → Gebrauchsmustern. Hier kann der → Anmelder noch innerhalb von 6 Monaten nach Eröffnung einer Ausstellung, auf welcher der Gebrauchsmustergegenstand erstmals gezeigt wurde, den Tag der ersten Zurschaustellung als → Prioritätstag in Anspruch nehmen. Allerdings gilt dies nicht für alle, sondern nur für bestimmte große Ausstellungen, auf welche z.B. im Bundesgesetzblatt vom Bundesjustizministerium ausdrücklich hingewiesen wird.

Australien, {Australia}, Abk. → AU

Auswahlerfindung, {selection invention}, ein umstrittener Begriff, denn jede Erfindung geht letztlich auf eine Auswahl vorhandener Mittel und Methoden zurück. In der Chemie versteht man hierunter eine neue speziellere oder engere → technische Lehre, welche innerhalb einer breiteren, allgemeineren Lehre liegt und welche bessere Ergebnisse als die breitere Lehre zeitigt. Z.B. war es bekannt eine Reaktion bei 100 bis 200°C durchzuführen; es hat sich dann aber herausgestellt, daß im ausgewählten Temperaturbereich von 150 bis 160°C besonders hohe Ausbeuten erzielt werden. Oder es wurde früher empfohlen, organische Säuren allgemein als Katalysatoren zu verwenden; hiervon hat sich dann Essigsäure als besonders wirksam herausgestellt. → abhängiges Patent

B

BE, Abk. für → Belgien, → Vertragsstaat des → EPÜ

Beispiele, {→ Examples}, müssen nicht zwangsweise in einer Patentanmeldung vorhanden sein. Sie dienen aber gerade in der Chemie, welche stets mit neuen Überraschungen aufwartet, als Nachweis für die → Ausführbarkeit der Erfindung. Zuwenig Beispiele können in den U.S.A. und insbesondere in Japan zu einer empfindlichen → Beschränkung der → Patentansprüche auf den durch die Beispiele abgedeckten Bereich führen (z.B. die allgemeine Formel Y-Z umfaßt ca. 2,3 mio Verbindungen, gekocht wurden gerade mal drei – zuwenig um die Ausführbarkeit der → Erfindung in allen Fällen glaubhaft zu machen). Beispiele sollten in der Vergangenheitsform abgefaßt werden, um auch schon sprachlich keine Zweifel an der tatsächlichen Durchführung aufkommen zu lassen. → Comparative Examples, → best mode, → Vergleichsversuche

Bekanntmachung, {official publication}, war früher in → DE die vorläufige → Patenterteilung unter Herausgabe einer → Auslegeschrift. Gegen die vorläufige Erteilung konnte dann in Fortsetzung der → Prüfung jedermann → Einspruch erheben. In → JP ist dies heute noch der Fall.

Belgien, {Belgium}, Abk. → BE

Belohnungstheorie, {-}, eine der Theorien zur rechtlichen Begründung der Existenz von Schutzrechten: Der → Erfinder oder → Anmelder erhält ein zeitlich befristetes Monopol oder Verbietungsrecht (→ Patent) für die → Veröffentlichung oder → Offenbarung seiner → Erfindung, wenn diese sozial nützlich ist, sprich den → Stand der Technik bereichert.

Benennung, {designation}, nach dem → Europäischen Patentübereinkommen (→ EPÜ) müssen bei der → Anmeldung einer europäischen Patentanmeldung beim → EPA die → Vertragsstaaten angegeben, d.h. benannt, werden, für die auf europäischem Wege um ein → Patent nachgesucht wird. → Auslandsanmeldung, → Auslandsentscheid

Benutzungsarten, {modes of use}, sind gewerbliche, keine privaten, Tätigkeiten wie Herstellen, Verwenden, → Inverkehrbringen, Anbieten und gewerbliches Besitzen (nicht privates) der geschützten Sache, welche dem Schutzrechtsinhaber (→ Patentinhaber) alleine vorbehalten sind. → Verletzung, → Verletzungsprozeß

Berufung, {→ appeal}, zweite gerichtliche Tatsacheninstanz: In Deutschland bei Berufung gegen die Urteile der → Nichtigkeitssenate des → Bundespatentgerichts ist es der → BGH, bei Berufung gegen Urteile der Landgerichte in → Verletzungsprozessen sind es die Oberlandesgerichte. In den U.S.A. ergeht die Beschwerde gegen Beschlüsse des → Board of Patent Appeals and Interferences oder die Berufung in Patentstreitsachen zum → CAFC. → Rechtsbeschwerde, → Revision

Bescheid, {communication, notice, → office action}, ist eine offizielle, gesetzlich begründete Mitteilung seitens der Patentämter (z.B. → Prüfungsbescheid, → Erteilung) an den → Anmelder, → Patentinhaber oder → Einsprechenden. Der Bescheid ist oft verbunden mit einer Information über die → Rechtsmittel, welche gegen den darin enthaltenen Beschluß eingelegt werden können (→ Beschwerde). In den allermeisten Fällen muß er innerhalb einer bestimmten → Frist beantwortet (→ Eingabe, → Schriftsatz) werden, um nachteilige Rechtsfolgen (→ Zurückweisung, → Widerruf) zu vermeiden.

Beschränkung, {limitation, → restriction}, oder Einschränkung oder Präzisierung ist dann vorzunehmen, wenn sich ein breiter → Patentanspruch im Hinblick auf den → Stand der Technik als nicht haltbar erweist. Hiernach kann sich der → Anmelder im Erteilungsverfahren (→ Prüfung) auf eine engere → technische Lehre beschränken, wenn diese schon in der Anmeldung in ihrer ursprünglich eingereichten Fassung als bevorzugt offenbart war (z.B. die Reaktion wird zwischen 100 und 200 °C, vorzugsweise 130 und 170 °C durchgeführt; → Zwiebelschalenmodell). Ein → Patent kann im → Einspruchsverfahren beschränkt werden, sprich eingeschränkt aufrecht erhalten werden (→ Aufrechterhaltung), wenn sich der → Patentinhaber mit der Beschränkung einverstanden erklärt. → disclaimer, → Verzicht

Beschreibung, {→ specification}, ist der Anmeldungstext exclusive der → Patentansprüche, also auch inklusive der → Zeichnungen. Während die Patentansprüche als die Paragraphen eines Gesetzes im Sinne eines → Verbietungsrechts aufgefaßt werden können, kann man die Beschreibung als den Gesetzeskommentar oder die Auslegungshilfe zur Ermittlung des → Schutzbereichs ansehen. Außerdem stellt die Beschreibung eine juristische (Voraus)Verteidigungsschrift dar, in welcher (hoffentlich) alle später auftauchenden Einwände gegen die → Patentfähigkeit vom → Anmelder selbst angesprochen und dann in einem Atemzug widerlegt werden. Des weiteren ist die Beschreibung eine naturwissenschaftlich-technische Informationsschrift oder Publikation, welche die → Öffentlichkeit über die neue → technische Lehre oder → Erfindung informiert. Eine kunstgerecht formulierte Beschreibung weist immer die folgende Argumentationsstruktur auf:

1. Der Stand der Technik ist defizitär (= Kritik des Bekannten, fast ausschließliche Anwendung negativ besetzter Sprachformen wie „nachteilig", „unbefriedigend", etc.).

2. Die Erfindung ist wesentlich vorteilhafter (= Vorteile der Problemlösung, ausschließlich positive sprachliche Elemente).

3. Die Erfindung soll (muß) deshalb durch ein Patent geschützt werden und zwar mit dem größtmöglichen → Schutzbereich.

Diesen Aufgaben wird nur eine eigene juristisch-technische Patentfachsprache gerecht, welche geprägt ist von

- impliziten Teildialogen: mögliche Einwände gegen die Erfindung werden aufgegriffen und auch gleich widerlegt -

- starker Passivbildung und unpersönlichem repetitiven Stil, was objektiv wirkt -

- der Verwendung relativer Begriffe wie „verhältnismäßig teuer", ziemlich schlecht", „vergleichsweise einfacher Aufbau" oder „bequeme Handhabung", welche sich nicht oder nicht ohne weiteres quantifizieren lassen und auf welche man deshalb nicht allzu leicht festgenagelt werden kann -

- einem hohen Abstraktionsgrad, um eine einschränkende Auslegung des Schutzbereichs zu vermeiden; der hohe Abstraktionsgrad wird erzielt durch konsequente Verallgemeinerung von Begriffen, die Benennung von Gegenständen über ihre Funktion und durch Verwendung lexikologisch unbestimmter Begriffe (keine Nägel oder Schrauben, sondern Befestigungsmittel; keine Autos, Flugzeuge oder Fahrräder, sondern Fortbewegungsmittel; keine Waschmaschinen, Geschirrspüler, Besen, Staubwedel oder Putzlappen, sondern Reinigungsgeräte; keine Tonbänder, Videokassetten, Disketten oder Compact-Disks, sondern Datenträger) -

Bei → mikrobiologischen Erfindungen kann die → Hinterlegung die Beschreibung zu einem gewissen Grad ersetzen.

Beschwerde,{→ appeal}, findet gegen die Beschlüsse des → DPA statt und wird in der zweiten Instanz vom → Bundespatentgericht behandelt und entschieden.

Die Beschwerde gegen Beschlüsse des → EPA werden zweitinstanzlich von den → Beschwerdekammern des EPA behandelt.

In den U.S.A. werden die Beschwerden (→ appeal) gegen die Beschlüsse des → USPTO an den → Board of Patent Appeals and Interferences gerichtet.

Wie bei vielen anderen → Anträgen auch, muß die Beschwerde innerhalb einer bestimmten → Frist erhoben und auch begründet werden. → Berufung, → Beschwerdeführer, → Beschwerdegegner, → BGH, → Offizialmaxime, → Rechtsbeschwerde,

Beschwerdeführer, {appealer, appellant}, ist derjenige, welcher die → Beschwerde erhebt. Er muß durch den Beschluß des → DPA, → EPA oder → USPTO beschwert sein, ansonsten steht ihm kein Beschwerderecht zu (erteilt z.b. die → Prüfungsabteilung des EPA ein → Patent, steht dem → Patentinhaber kein Beschwerderecht zu, weil dieser Beschluß für ihn ja von Vorteil ist).

Beschwerdegegner, {opponent, respondent}, gibt es im zweiseitigen Verfahren wie dem Beschwerdeverfahren (→ Beschwerde) nach einem → Einspruch: Hat der → Patentinhaber Beschwerde gegen den → Widerruf seines Patents erhoben, ist der → Einsprechende der Beschwerdegegner; erhebt dagegen der Einsprechende Beschwerde gegen die → Zurückweisung seines Einspruchs, ist es der Patentinhaber.

Beschwerdekammer, {Board of Appeal}, behandelt die → Beschwerden gegen die Beschlüsse des → EPA. Derzeit sind die Beschwerdekammern die höchste Instanz des EPA; haben sie entschieden, gibt es auf europäischer Ebene keine weiteren zentralen → Rechtsmittel mehr: halten sie beispielsweise ein europäisches → Patent aufrecht (→ Aufrechterhaltung), kann es nur noch in den einzelnen benannten → Vertragsstaaten (→ Benennung) nichtig geklagt werden (→ Nichtigkeitsklage), was sehr mühsam und vor allem sehr teuer ist. Die → Große Beschwerdekammer ist keine gesonderte höhere Instanz, sondern eine erweiterte Kammer, welche nur zusammentritt, wenn Rechtsprobleme von besonderer Bedeutung zu behandeln sind (z.B die → zweite medizinische Indikation). → Berufung

besonderer unerwarteter technischer Effekt, {unexpected superior effect, – results}, ist oftmals der letzte Rettungsanker für die → Patentfähigkeit, weil laut → EPA aus dem Effekt die → erfinderische Tätigkeit (gerade) noch hergeleitet werden kann, wenn auch der → Erfindungsgegenstand an und für sich naheliegt. Synergistische oder katalytische Wirkungen sind Beispiele solcher Effekte. → prima facie case of obviousness, → synergistischer Effekt, → Überraschung, → Vorurteil

Bestimmungsämter, {Designated Offices}, sind die → Patentämter der Vertragsstaaten des → PCT oder auch das → EPA, bei denen auf dem Wege des PCT über eine einzige → internationale Patentanmeldung um nationale oder europäische → Patente oder um beides zugleich nachgesucht werden kann.

Beim Einreichen der internationalen Patentanmeldung bei einem → Anmeldeamt muß mindestens ein Bestimmungsamt benannt werden.

best mode, {beste Ausführungsform}, → best mode requirement

best mode requirement, {Pflicht zur Offenbarung der besten Ausführungsform}, ist in den U.S.A. die Verpflichtung des → inventor oder des → applicant, die beste → Ausführungsform seiner → invention, welche ihm am → filing date bekannt war, zu offenbaren. Der Verstoß gegen das best mode requirement kann im Streitfall (→ Verletzungsprozeß) die → invalidity des → Patents wegen Patenterschleichung (→ fraud) nach sich ziehen. Der Vorwurf, die best mode sei nicht offenbart, wird, weil relativ leicht zu beweisen, häufig vom Verletzungsbeklagten erfolgreich angewandt. Das best mode requirement erweist sich oft als Falle für die ausländischen Anmelder, welche eine solche Regelung nicht kennen und oft auf dem falschen Standpunkt beharren, es sei grundsätzlich von Vorteil, zu verschweigen, wie man die → Erfindung in Wirklichkeit ausführt (→ Ausführbarkeit, → Offenbarung).

Betriebsgeheimnis, {trade secret}, eine in Anspruch genommene Diensterfindung (→ Diensterfinder, → Inanspruchnahme) kann vom Arbeitgeber trotz → Anmeldepflicht geheimgehalten werden, wenn er zu der Feststellung kommt, daß es sich um ein Betriebsgeheimnis handelt. Wenn feststeht, daß die geheimzuhaltende Erfindung bei der Anmeldung in Deutschland zu einem Patent geführt hätte, muß der Arbeitgeber im Nutzungsfall → Erfindervergütung zahlen, solange die Sache geheim bleibt (→ Know-How), aber nicht länger als ein Patent laufen würde. Die Prüfung auf Geheimhaltungsbedürftigkeit im betrieblichen Interesse und potentielle → Patentfähigkeit wird in der Regel von der → Patentabteilung des betreffenden Betriebs geprüft. Das Betriebsgeheimnis ist nicht zu verwechseln mit einer → Geheimanmeldung.

Sowohl der Verrat von Betriebsgeheimnissen durch Firmenangehörige als auch deren unbefugte Beschaffung durch Betriebsspionage ist strafbar. In dieser Hinsicht genießen Betriebsgeheimnisse einen besonderen gesetzlichen Schutz. Allerdings muß der betreffende Betrieb auch die geeigneten Maßnahmen zum Schutz seiner Geheimnisse ergreifen.

Betrug, {→ fraud}

BGH, {-}, Abk. für → Bundesgerichtshof

Board of Patent Appeals and Interferences, {-}, → Beschwerde

Bündelpatent, {-}, → EPÜ

Bundesgerichtshof, {-}, der → BGH ist in Deutschland die letzte Instanz in Zivilrechtssachen, er hat seinen Sitz in Karlsruhe. Der BGH ist u.a. zuständig für → Rechtsbeschwerden in Schutzrechtssachen und für die → Berufung in Nichtigkeitsverfahren (→ Nichtigkeitsklage).

Bundespatentgericht, {-}, ist ein Spezialgericht für Schutzrechtsangelegenheiten (→ Nichtigkeitsklage) und die vom → DPA unabhängige höhere Instanz zur Behandlung der → Beschwerden gegen die Beschlüsse des DPA; Sitz in München. Gegen die Beschlüsse des Bundespatentgerichts kann – außer in Nichtigkeitsverfahren – nur noch → Rechtsbeschwerde zum → BGH erhoben werden.

Bundessortenamt, {-}, → DPA, → Patent, → Sortenschutz

C

CA, Abk. für → Kanada

CAFC, {-}, Abk. für Court of Appeal for the Federal Circuit. Der CAFC hat seinen Sitz in Washington D.C. und ist u.a. das Berufungsgericht (→ Berufung) in Patentstreitsachen (→ Verletzungsprozeß).

certificate of correction, {Korrekturbescheinigung}, durch ein certificate of correction können Fehler des → USPTO, offensichtliche Schreib- und Druckfehler, geringfügige Fehler, welche nicht auf das USPTO, sondern auf den → applicant zurückgehen und unbeabsichtigt und in gutem Glauben gemacht worden sind, sowie eine falsche → Erfinder(be)nennung korrigiert werden. Verboten ist hierbei die → introduction of new matter, eine umfangreiche neue → Prüfung (→ reissue, → reexamination) sowie das Streichen oder Hinzufügen von → claims.

Chemie-Erfindungen, {chemical inventions}, nach der Elektrotechnik und der Mechanik eines der drei großen Patentierungsgebiete.

chemische Erzeugnisse, {chemical compositions, – products, -substances}, d.h. Stoffe und Stoffgemische sind heutzutage in Deutschland und in Europa dem Patentschutz zugänglich. Bis 1968 war kein → Stoffschutz möglich; Verbindungen konnten nur über ihr → Herstellungsverfahren (→ Analogieverfahren) geschützt werden. In den U.S.A. gab es schon von jeher den Stoffschutz.

CH/LI, Abk. für → Schweiz und → Liechtenstein, → Vertragsstaaten des → EPÜ. Für diese beiden Staaten kann auf europäischem Wege nur um ein gemeinsames → Patent, welches für beide Staaten zugleich gültig ist, nachgesucht werden. Dies bedeutet, daß die → Benennung von Liechtenstein automatisch die → Benennung der Schweiz mit einschließt und umgekehrt.

CIP, {-}, Abk. für → continuation-in-part application

citations, {→ Entgegenhaltungen}, → incorporation by reference, → references, → prior art, → Stand der Technik

claims, {→ Patentansprüche}

Comparative Examples, {→ Vergleichsversuche}, → Beispiele

comprising, {enthaltend, umfassend}, wird in Verbindung mit einer Auflistung der wesentlichen Merkmale in einem → claim (z.B.: „A mixture comprising an elastomer and a UV-stabilizer", „a process comprising the step of mixing an elastomer with a UV-stabilizer"), vom → USPTO und den U.S.-Gerichten als ausgesprochen vage und breit angesehen. So kann comprising bedeuten, daß die mixture außer den genannten Komponenten noch beliebig viele andere enthält, daß der UV-stabilizer in völlig unwirksamen Mengen zugegen ist oder daß das Verfahren noch zahlreiche weitere Verfahrensschritte umfaßt. Der Gebrauch von comprising führt in der → Examination häufig zu einer → rejection under 35 U.S.C. 112 des betreffenden claims als vague and indefinite. Meist schließt sich hieran gleich eine → rejection under 35 U.S.C. 103 (→ obviousness) an, weil der → Examiner dem Sinne nach argumentiert, der → claim sei so vage und breit, daß er zahlose weitere Merkmale umfaßt, weswegen man ihm auch so ziemlich jede → prior art entgegenhalten (→ Entgegenhaltung) könne. → consisting essentially of, → consisting of, → containing

Computerprogramme, {software}, sind in → DE und in → EP als solche dem Patentschutz nicht zugänglich (→ Patentierungsverbot). Sie sind in Deutschland urheberrechtlich (→ Urheberrecht) geschützt. Sie können aber in Verbindung mit der hardware zum → Patent angemeldet werden. Allerdings bestehen hierbei noch gewisse Differenzen zwischen dem → DPA und dem → Bundespatentgericht einerseits und dem → EPA, welches eine liberalere Haltung gegenüber der → Patentfähigkeit von software/hardware-Kombinationen einnimmt, andererseits.

consisting essentially of, {im wesentlichen enthaltend, im wesentlichen bestehend aus}, beschränkt in Verbindung mit einer Auflistung von Merkmalen den betreffenden → claim auf die angegebenen Merkmale. Indes können noch andere Merkmale vorliegen, so lange sie den wesentlichen Charakter der → invention nicht verändern. Z.B. kann eine „mixture consisting essentially of an elastomer and a UV-stabilizer" durchaus noch weitere Komponenten wie

Weichmacher oder Pigmente enthalten, solange diese die Eigenschaften (Elastizität und UV-Stabilität) der Mischung nicht grundlegend verändern. Der Ausdruck ist somit zwar erheblich präziser als → comprising oder → containing aber immer noch breiter als → consisting of; ihm sollte deshalb der Vorzug gegeben werden, wenn der → Examiner in der → Examination auf eine → Beschränkung des claims drängt.

consisting of, {bestehend aus}, schließt in Verbindung mit einer Auflistung der Merkmale in einem → claim, jedes weitere zusätzliche Merkmal aus und bedeutet deshalb eine schwerwiegende → Beschränkung des claims (→ scope). Eine „mixture consisting of an elastomer and a UV-stabilizer" besteht dann eben nur noch aus den genannten Komponenten und keiner einzigen weiteren. Häufig drängen in der → Examination der → application die → Examiner auf eine solche Beschränkung eines claims; dem sollte indes nicht ohne Not gefolgt werden. → comprising, → consisting essentially of, → containing

containing, {enthaltend}, → comprising

continuation application, {Weiterbehandlungsantrag}, auch → file wrapper continuation, Abk. → FWC, genannt, ist im Grunde genommen ein Weiterbehandlungsantrag für eine → application, welche in der → Examination mit einer → final rejection „endgültig" zurückgewiesen worden ist (→ Zurückweisung). Sie zählt als neue application, so daß (für das → USPTO erfreulich) die betreffenden Gebühren wieder anfallen. Eine continuation application ist oftmals einem → appeal vorzuziehen: man verärgert den → Examiner nicht und vielleicht kann man ihn ja im zweiten Anlauf überzeugen.

continuation-in-part application, {Antrag auf Teilweiterbehandlung}, auch kurz → CIP genannt, entspricht der → continuation application, nur daß sie → Änderungen (Korrekturen, Zusätze) enthält, welche in der → parent application noch nicht vorhanden waren und die deshalb als → new matter angesehen werden. Diese nachträglich eingebrachte new matter hat natürlich nicht die → Priorität der parent application. → Irrtümer, → introduction of new matter

copending applications, {gleichzeitig anhängige Anmeldungen}, sind die bei ein und demselben → Patentamt zur → Prüfung anhängigen → Anmeldungen eines → Anmelders. Der Ausdruck wird manchmal auch für → äquivalente oder → korrespondierende Anmeldungen und Schutzrechte verwendet. → Auslandsanmeldungen, → Parallelanmeldungen, → Patentfamilie

D

Dänemark, {Denmark}, Abk. → DK

Date of Patent, {Ausgabetag}, → grant of patent, → issue

DE, Abk. für → Deutschland, → Vertragsstaat des → EPÜ

declaration, {eidesstattliche Erklärung}, ist die eidesstattliche schriftliche Erklärung eines → Sachverständigen (häufig der → Erfinder selbst) gegenüber dem → USPTO in der → Examination. Sie kommt sehr häufig vor und umfaßt in den allermeisten Fällen einen nachgereichten Versuchsbericht mit weiteren → Examples und → Comparative Examples. Die → opinion declaration, welche nur eine Meinungsäußerung enthält, ist seltener. Die declaration ist an die Stelle des früher erforderlichen → affidavits getreten, bei dem strengere Formerfordernisse zu beachten waren.

defensive publication, {defensive Veröffentlichung}, → statutory invention registration

dependant claims {→ abhängige Ansprüche}, → Unteranspruch, → Patentansprüche

design patents, {Designpatente}, in den U.S.A. werden auf Gegenstände, welche in Deutschland nur als → Geschmacksmuster geschützt werden können, → Patente mit einer → Laufzeit von 14 Jahren erteilt (ansonsten 17 Jahre).

Deutschland, {Germany}, Abk. → DE

Diensterfinder, {employed inventor}, oder Arbeitnehmererfinder ist derjenige, welcher als Arbeitnehmer eine Erfindung gemacht hat. → Arbeitnehmererfinderrecht, → Erfindervergütung, → Erfindungsmeldung

disclaimer, {Verzichtserklärung}, ist eine Ausnahmebestimmung in einem Patentanspruch (z.B. ...Säuren, ausgenommen Salpetersäure...) zum Zwecke der Abgrenzung des → Patentgegenstandes vom → Stand der Technik. Der disclaimer ist gleichfalls eine Sonderform des → Verzichts (→ Beschränkung). In den U.S.A. kann man auch auf einen Rest der → Laufzeit eines Patents verzichten (→ terminal disclaimer, → double patenting rejection).

disclosure, {→ Offenbarung}

divisional application, {→ Teilanmeldung}, resultiert aus der Teilung (→ Ausscheidung) einer → parent application und hat deren → Priorität. Grund für eine Teilung ist in den allermeisten Fällen die Feststellung des → Examiners, die application sei nicht einheitlich (→ Einheitlichkeit), sie enthalte mehrere → Erfindungen. Dies ist verbunden mit der Aufforderung, sich zu Prüfungszwecken auf eine der Erfindungen zu beschränken (→ election, → restriction requirement). Die andere Erfindung kann dann zum Gegenstand der divisional application gemacht werden (→ double patenting rejection).

DK, Abk. für → Dänemark, → Vertragsstaat des → EPÜ

double patenting rejection, {Zurückweisung einer Anmeldung aufgrund des Doppelpatentierungsverbots}, eine Besonderheit, welche aus dem → U.S.-Patentrecht resultiert, ist bei großen → Anmeldern (→ applicants, → assignee) ein in der Praxis häufig auftretendes Problem: Eine Firma meldet die → Erfindung A und einige Monate später die Erfindung B in den U.S.A. an. Beide Erfindungen entstammen ein und demselben Fachgebiet. Der → Examiner argumentiert nun, (i) beide → applications richteten sich auf ein und dieselbe Erfindung, oder die Erfindungen seien so nahe miteinander verwandt, daß sie sich praktisch nicht voneinander unterscheiden: die Erfindung B werde durch die Erfindung A nahegelegt (obviousness type double patenting rejection); (ii) die → Laufzeit (→ term of patent) eines U.S.-Patents beginne ab seinem Erteilungstag (→ Date of Patent, → issue, → U.S.-Patentrecht); (iii) es sei des weiteren sehr wahrscheinlich, daß die beiden nahverwandten Erfindungen A und B nicht am gleichen Datum zum → Patent werden; (iv) daraus folge, daß z.B. die Laufzeit für das Patent A durchaus erst lange nach der Laufzeit des Patents B enden könne; (v) weil es sich aber bei den Erfindungen A und B im Grunde nur um eine Erfindung handele, resultiere eine ungesetzliche Verlängerung der Laufzeit über die 17 Jahre ab Erteilungstag des ersterteilten Patents B hinaus – dies sei aber verboten!

In einem solchen Fall muß der applicant auf den Teil der Laufzeit des Patents A verzichten, welcher über das Ende der Laufzeit des Patents B „hinausragt". Dieser → Verzicht erfolgt mittels eines → terminal disclaimer (→ disclaimer).

Einer double patenting rejection kann man durch Zusammenfassung von Erfindungen in einer application vorbeugen: Fordert dann der → Examiner den applicant dazu auf, doch bitte schön die application wieder auseinanderzunehmen, weil sie mehrere unterschiedliche Erfindungen enthalte (→ Ausscheidung, → Einheitlichkeit, → restriction requirement), kann er die hieraus resultierenden → divisional applications nicht mehr in dieser Form zurückweisen.

DPA, {German Patent Office}, Deutsches Patentamt, Sitz in München, ist zuständig für die → Prüfung und → Erteilung von → Patenten. Weitere → gewerbliche Schutzrechte, die in seine Zuständigkeit fallen, sind → Gebrauchsmuster, → Geschmacksmuster, → Warenzeichen und → Topographieschutz für elektronische Halbleitererzeugnisse. Für den → Sortenschutz ist dagegen das → Bundessortenamt, Sitz in Hannover, zuständig.

Durchschnittsfachmann, {person skilled in the art, → skilled artisan}, oder → Fachmann (→ EPÜ) ist eine rechtliche Kunstfigur oder eine Fiktion. Er beherrscht sein Fachgebiet enzyklopädisch, d.h. er hat Zugang zum gesamten relevanten → Stand der Technik; dennoch ist der Arme wegen seiner durchschnittlichen Fähigkeiten nicht in der Lage, eine → Erfindung zu machen; er kann den Stand der Technik nur routinemäßig weiter entwickeln. Hat dem Durchschnittsfachmann etwas nahegelegen (→ naheliegend), kann es sich deshalb zwangsweise nicht um eine Erfindung handeln. Der Durchschnittsfachmann ist somit der objektive Maßstab für die → erfinderische Tätigkeit. Er muß für jedes Fachgebiet gesondert ermittelt werden, wobei das Spektrum je nach Gebiet vom Handwerker bis hin zum Nobelpreisträger reichen kann. Genau hierin liegt aber der Vorteil, den diese Kunstfigur gegenüber dem philosophisch abstrakten Begriff Erfindung hat: Die Kunstfigur kann auf der Basis der Technik ganz konkret bestimmt werden. → prima facie case of obviousness

E

Eingabe, {submission}, erfolgt in der Form eines → Schriftsatzes zum einen in Erwiderung (→ response, → amendment) auf den → Bescheid (→ Office Action) eines → Patentamtes oder Gerichts; hierin ist insbesondere in den U.S.A auf alle Punkte des Bescheids einzugehen. Zum anderen kann die Eingabe einen → Antrag beinhalten, wie der, das Patent eines anderen zu widerrufen (→ Einspruch).

Eingangsprüfung, {examination on filing}, → Formalprüfung, → Offensichtlichkeitsprüfung

Einheitlichkeit, {→ unity of invention}, ist ein absolutes Formerfordernis für eine → Anmeldung; aus Bearbeitungs- und Gebührengründen soll kein Patent für mehrere → Erfindungen zugleich (Fahrrad und Melkmaschine) erteilt werden. Wird die fehlende Einheitlichkeit nicht durch Teilung (→ Ausscheidung, → divisional application, → election, → restriction) beseitigt, erfolgt die → Zurückweisung der Anmeldung (→ Beschwerde). Die Anerkennung der Einheitlichkeit hängt oft vom Formulierungsgeschick des → Anmelders ab. Achtung: Mangelnde Einheitlichkeit ist kein Einspruchsgrund (→ Einspruchsgründe)!

Einsprechender, {opponent}, ist ein Dritter, welcher vor dem → DPA, dem → EPA oder dem → JPO, jedoch nicht vor dem → USPTO (→ U.S.-Patentrecht), innerhalb der → Einspruchsfrist → Einspruch gegen ein erteiltes Patent erhebt.

Einspruch, {opposition}, nach der → Patenterteilung kann jedermann gegen ein deutsches oder europäisches → Patent Einspruch erheben. In → JP besteht diese Möglichkeit, wie früher in → DE, nach der → Bekanntmachung. Der Einspruch setzt das → Einspruchsverfahren in Gang, das als verschärfte Fortsetzung der → Prüfung aufgefaßt werden kann. Es bietet der → Öffentlichkeit die Chance, den → Widerruf des Patents zu erzwingen. Hierzu muß der → Einsprechende in einem Einspruchsschriftsatz ausführlich begründen, warum der Gegenstand des → strittigen Patents nicht patentfähig sein soll. Hierzu bedient er sich vor allem der druckschriftlichen → Entgegenhaltungen, welche belegen sollen, daß der strittige Patentgegenstand zum → Stand der Technik gehört oder von diesem nahegelegt wird. → Einspruchsgründe, → erfinderische Tätigkeit, → Neuheit, → Patentfähigkeit,→ offenkundige Vorbenutzung, → Offizialmaxime

Einspruchsabteilung, {opposition division}, entscheidet beim → EPA über den → Einspruch in einer Besetzung von drei → Prüfern, von denen einer maßgebend an der → Erteilung des → strittigen Patents beteiligt war. Beim DPA entscheidet hierüber die → Patentabteilung. Gegen die Beschlüsse kann → Beschwerde erhoben werden.

Einspruchsfrist, {period for entering opposition}, ist eine nicht verlängerbare gesetzliche Ausschlußfrist, innerhalb der ein → Einspruch erhoben werden kann: → DE 3 Monate, → EP 9 Monate, → JP 2 Monate, wobei hier die Begründung nachgereicht werden kann. → Fristen, → Wiedereinsetzung

Einspruchsgründe, {grounds for opposition}, der → Einspruch kann nur auf fehlende → Patentfähigkeit (häufigster Grund), → mangelhafte Offenbarung (selten), → widerrechtliche Entnahme (sehr selten) und → unzulässige Erweiterung (selten) gestützt werden. Die fehlende → Einheitlichkeit oder die Unklarheit der → Patentansprüche sind keine Einspruchsgründe. → Nichtigkeitsklage

Einspruchsverfahren, {opposition proceedings}, → Beschwerde, → Einspruch, → mündliche Verhandlung

Einwände des Verletzungsbeklagten, {objections of the defendant in an action for infringement}, sind z.B. die Rechtmäßigkeit seiner Handlungen (z.B. → Parallelimporte), ein → Vorbenutzungsrecht, die → Verwirkung, das Arbeiten außerhalb des → Schutzumfangs des → Streitpatents und dessen Ungültigkeit (→ invalidity, → Nichtigkeitsklage).

election, {Auswahl}, kommt in Vorbereitung der → Examination häufig vor.

Hierbei fordert der → Examiner den → applicant z.B. dazu auf, aus der Unzahl von Verbindungen, die er im → claim beansprucht hat, eine zu Prüfungszwecken auszuwählen. → divisional application

Elementenschutz, {protection of separate elements of a combination}, bei einer beanspruchten → Kombination erstreckt sich der → Schutzbereich eines → Patents in aller Regel nicht auf ein einzelnes Element (Merkmal) dieser Kombination. Z.B. wird beansprucht: „1. Gerät, enthaltend einen Motor und vier Räder". Hier ist ganz offensichtlich die Kombination und nicht der Motor oder ein einzelnes Rad geschützt. Dennoch kann sich ein Schutz für eines dieser Einzelelemente ergeben, wenn z.b. ein → Unteranspruch auf das Rad gerichtet wird. → Unterkombination

Entdeckung, {discovery}, ist für sich gesehen nicht patentierbar, z.B das Auffinden eines neuen Insektizides in einer Pflanze. Zusammen mit der Lehre zum technischen Handeln (→ technische Lehre), z.b. Verwendung des entdeckten Insektizides für die Schädlingsbekämpfung, bildet sie jedoch zumeist die → Erfindung.

entgangener Gewinn, {lost profits}, Berechnungsart des Schadensersatzes bei Schutzrechtsverletzungen. → Verletzung, → Verletzungsprozeß

Entgegenhaltungen, {→ citations, → references}, Material aus dem → Stand der Technik, meist Druckschriften, welche der → Patentfähigkeit eines → Erfindungsgegenstandes hindernd im Wege stehen. → Einspruch, → Prüfung

Entschädigungsanspruch, {claim for damages}, hat der → Anmelder gegen den Benutzer (→ Benutzungsarten) seiner noch nicht zum → Patent gewordenen → Anmeldung ab deren Offenlegung (→ Offenlegungsschrift).

EP, Abk. für → Europa, → EPA, →EPÜ

EPA, {EPO}, das Europäische Patentamt mit Sitz in München und einer Zweigstelle in den Haag, welche vor allem die → europäischen Recherchenberichte erstellt. → EPÜ

EPÜ, {EPC}, Abk. für → Europäisches Patentübereinkommen, das europäische Patentrecht, sieht bislang nur die zentrale → Anmeldung von → Patenten beim → EPA und → Prüfung bis zur rechtskräftigen → Erteilung, ggf. über → Einspruch und → Beschwerde, für die → Vertragsstaaten (→ Benennung) vor. Danach zerfällt das europäische → Bündelpatent in die einzelnen nationalen Patente, welche von den nationalen → Patentämtern der benannten Vertragsstaaten verwaltet werden (z.B. bezüglich der → Jahresgebühren). Das EPÜ gleicht weitgehend dem deutschen Patentgesetz, was die wirtschaftliche Bedeutung von Deutschland im europäischen System widerspiegelt. Das EPÜ hat drei → Amtssprachen, welche gleichberechtigt nebeneinander stehen: deutsch, französisch und englisch.

equivalence, {→ Äquivalenz}

Erfinder, {→ inventor}, ist derjenige, um den es im → gewerblichen Rechtsschutz eigentlich geht, von dem aber in den Gesetzen weniger die Rede ist als vom → Anmelder. Als Erfinder gilt in → DE oder → EP derjenige, welcher im Zusammenhang mit der ersten → Anmeldung einer → Erfindung als solcher benannt wird; er muß indes nicht der erste oder der wahre Erfinder sein (→ Anmelderprinzip versus → Erfinderprinzip). Das gleiche gilt für die Gemeinschaft mehrerer Erfinder. → Erfinderpersönlichkeitsrecht

Erfinderbenennung, {naming of the inventor}, ist eine erforderliche Angabe gegenüber den Patentämtern (→ Patentamt). In manchen Fällen erfordert es geradezu detektivische Fähigkeiten, alle Erfinder zu ermitteln. Falls die Erfinderbenennung trotz der großzügig bemessenen → Fristen doch ausbleibt, hat das die → Zurückweisung der Anmeldung zur Folge. → Erfindernennung

Erfinderdollar, {inventor's dollar}, → applicant

erfinderischer Schritt, {inventive step}, → Gebrauchsmuster

erfinderische Tätigkeit, {inventive step}, ist das, worauf die → Erfindung beruht und das was der → Durchschnittsfachmann nicht kann. Es ist die neue offizielle Bezeichnung für die → Erfindungshöhe und eine der drei grundlegenden Voraussetzungen für die → Patentfähigkeit. Weitere Wendungen, die im Zusammenhang mit der erfinderischen Tätigkeit gerne angewandt werden, sind: „Die Erfindung liegt für den Fachmann nicht nahe, ...ergibt sich nicht in naheliegender Weise aus dem → Stand der Technik, ...liegt nicht auf der Hand". Ebenso blumig sind die Umschreibungen der Tatsache, daß eine Erfindung nicht auf erfinderischer Tätigkeit beruht: „Die Erfindung ergibt sich für den Fachmann in naheliegender Weise aus dem Stand der Technik, ...liegt für den Fachmann auf der Hand, ...ist trivial".

Die erfinderische Tätigkeit ist objektiv im Hinblick auf → Aufgabe und → Lösung zu beurteilen (z.B. war es schon jeher bekannt, Wasser zum Zähneputzen zu verwenden; stellte sich indes der Fachmann die Aufgabe, ein neues kalorienarmes Getränk zu schaffen, dann lag die Lösung: „Verwende Wasser!" im Hinblick auf den Stand der Technik zu Zahnputzmitteln nicht nahe).

Sie ist die zur → Patenterteilung erforderliche Mindestleistung, die den → Erfindungsgegenstand über das allgemeine Fachwissen des → Durchschnittsfachmanns hinaushebt (→ Stand der Technik). Das Vorliegen erfinderischer

Tätigkeit kann meist aus dem → technischen Fortschritt oder dem → besonderen unerwarteten technischen Effekt (→ synergistischer Effekt) hergeleitet werden; der → wirtschaftliche Erfolg einer Erfindung oder die Tatsache, daß sie ein bislang → ungelöstes dringendes Bedürfnis befriedigt, kann auch als Beweisanzeichen gewertet werden.

Im rechtlichen Sinne ist die erfinderische Tätigkeit ein objektiver Begriff und keine Ermessenssache.

Dieser kurze Exkurs macht schon deutlich, daß die erfinderische Tätigkeit als allgemeines Konzept ungemein schwer zu packen ist; auch aus diesem Grunde ist sie in der Praxis der zentrale Begriff und Streitpunkt im Patentwesen.

Dem → Erfinder ist für die tägliche Praxis des Erfindens anzuraten, bei einem Arbeitsergebnis nicht nur danach zu fragen, ob es das leistet, für das es gedacht war: z.B.

- das neue Insektizid ist in der Tat für die Käfer hochgiftig –

- der neue Farbstoff ist brilliant und lichtecht –

- der neue Gummi ist hochelastisch –

- das neue Flammschutzmittel verhindert in Abhängigkeit von seiner Konzentration das Brennen von Kunststoffen –

- das neue Herstellungsverfahren liefert das gewünschte Produkt in guten Ausbeuten –

- das neue Reinigungsverfahren bewirkt einen sehr guten Reinigungseffekt;

sondern das Arbeitsergebnis darauf hin abzuklopfen, ob es nicht doch die oft beschworenen → besonderen unerwarteten technischen Effekte, sprich → Vorteile, aufweist oder, wieder anders gesagt, ob es nicht doch noch andere → Aufgaben löst: z.B.

- das Insektizid riecht auch noch gut und ist für Dackel harmlos –

- der neue Farbstoff vermag sogar besonders schlecht färbbare Fasern anzufärben –

- der neue Gummi ist ausgesprochen witterungsbeständig –

- das neue Flammschutzmittel hat bei einer bestimmten Konzentration einen unerwartet hohen flammhemmenden Effekt, der von einem linearen Zusammenhang zwischen Flammschutzmittelkonzentration und brandhinderndem Effekt abweicht.

→ Überraschung, → Vorurteil

Erfindernennung, {mention of the inventor}, erfolgt auf den → Patentschriften von Amts wegen; sie kann auf → Antrag unterbleiben. → Erfinderbenennung

Erfinderpersönlichkeitsrecht, {personal rights of the inventor}, hat in → DE oder → EP mit dem Patentwesen nichts zu tun, weil hier das → Anmelderprinzip gilt. Die → Erfindung bleibt allerdings dem wahren Erfinder, z.B. des Ruhmes wegen, erhalten; seine Ersterfinderschaft kann gerichtlich festgestellt werden.

Erfinderprinzip, {→ first-to-invent (system)}, oder → Ersterfinderprinzip gilt in den U.S.A.; dort erhält der → first-to-invent das Patent. Wer im Falle der mehrfachen → Anmeldung ein und derselben Erfindung durch mehrere → inventors der wahre ist, wird in einem aufwendigen → interference-Verfahren festgestellt. → U.S.-Patentrecht

Erfinderrecht, {inventor's right}, → Arbeitnehmererfinderrecht, → Erfinderpersönlichkeitsrecht

Erfindervergütung, {award to the inventor}, ist nach dem deutschen Arbeitnehmererfindungsgesetz (→ Arbeitnehmererfinderrecht) bei der Nutzung der → Diensterfindung durch den Arbeitgeber zu zahlen. Die Pflicht zur Zahlung ergibt sich aus der Besserstellung des Unternehmens im Wettbewerb durch die → Erfindung (→ Monopolprinzip). Hieraus leitet sich auch die → Anmeldepflicht des Arbeitgebers ab. Die Erfindervergütung belohnt somit nicht eine (moralisch oder intellektuell besonders hochstehende) Sonderleistung des → Erfinders. In die Festsetzung der Erfindervergütung gehen der Grad der Selbständigkeit des Erfinders bei → Aufgabe und → Lösung und dessen Stellung im Betrieb sowie der Wert der Erfindung ein. Wird das benutzte → Patent oder → Gebrauchsmuster später einmal versagt, braucht die Erfindervergütung nicht zurückgezahlt zu werden.

Erfindung, {→ invention}, der zentrale Begriff des Patentrechts, ist nirgendwo im Gesetz definiert. Es wird nur gesagt, daß auf Erfindungen, welche die Kriterien der → Patentfähigkeit → Neuheit, → erfinderische Tätigkeit und → gewerbliche Anwendbarkeit erfüllen und welche technischen Charakter haben, → Patente erteilt werden können. Hieraus ist messerscharf zu schließen, daß es auch Erfindungen gibt, die beispielsweise nicht auf erfinderischer Tätigkeit beruhen, was per definitionem nicht der Fall sein kann, oder die nicht gewerblich anwendbar (→ Patentierungsverbot) sind. Diese „Nichtdefinition" ist indes Absicht, denn sie läßt die Tür offen für neue Arten von Erfindungen, von denen man heute noch gar keine Ahnung haben kann (z.B. aus der Sicht der Vergangenheit: Computer-Erfindungen, gentechnologische oder → mikrobiologische Erfindungen). → Durchschnittsfachmann

Erfindungsbesitz, {possession of the invention}, ist das Wissen um die kausalen Zusammenhänge einer → Erfindung, d.h. es müssen klare Vorstellungen darüber vorhanden sein, das sich ein bestimmtes Problem (→ Aufgabe) mit den erfindungsgemäßen Mitteln lösen läßt (→ Lösung); eine wissenschaftliche Durchdringung ist nicht notwendig. Die Frage, ob ein anderer als der → Erfinder, → Anmelder oder → Patentinhaber, beispielsweise ein Vorbenutzer (→ Vorbenutzungsrecht), bereits im Erfindungsbesitz war, ist für die → offenkundige Vorbenutzung und das Vorbenutzungsrecht von entscheidender Bedeutung.

Erfindungsgegenstand, {→ subject matter of the invention, – of the patent}, → Gegenstand des Patents

Erfindungshöhe, {level of invention, inventivity}, → erfinderische Tätigkeit

Erfindungsmeldung, {notification of invention}, nach dem deutschen Arbeitnehmererfindungsgesetz (→ Arbeitnehmererfinderrecht) ist der Arbeitnehmer verpflichtet, seinem Arbeitgeber die → Erfindung unverzüglich schriftlich als Erfindung zu melden. Irgendein Tätigkeitsbericht wie z.B ein Laborbericht oder ein Auszug aus einem Laborjournal genügen nicht! Für die komplette Erfindungsmeldung im Sinne des Arbeitnehmererfindungsgesetzes bedarf es noch der detaillierten Beschreibung der Erfindung. Nach der Erfindungsmeldung hat der Arbeitgeber die Option, die Erfindung innerhalb von 4 Monaten unbeschränkt in Anspruch zu nehmen (→ Inanspruchnahme) oder freizugeben (→ Freigabe). Eine nicht ordnungsgemäße Erfindungsmeldung muß vom Arbeitgeber innerhalb von zwei Monaten nach Eingang beanstandet werden.

Das Problem der Erfindungsmeldungen liegt darin, daß der Arbeitnehmer in der täglichen Praxis alleine darüber entscheiden soll, ob er nun eine patentfähige Erfindung (→ Patentfähigkeit) gemacht hat oder nicht, was mitunter nicht einfach ist. Er sollte deshalb schon im Vorfeld als Erfinder-to-be ständigen Kontakt mit der → Patentabteilung oder dem → Patentanwalt seiner Firma halten.

Erlöschen, {expiration}, ein Patent erlischt → ex nunc durch → Verzicht, → Nichtzahlen der → Jahresgebühren, Fehlen der → Erfinderbenennung und Ablauf seiner → Laufzeit. → Lizenzgebühr, → Widerruf

Erschöpfung des Patentrechts, {consumption of the patent rights}, auch Konsumption genannt, tritt ein, wenn eine patentierte oder eine nach einem patentierten Verfahren hergestellte Sache rechtmäßig in Verkehr gebracht (→ Benutzungsarten, → Inverkehrbringen, → Parallelimporte), sprich verkauft, worden ist. Hiernach kann der → Patentinhaber keine → Rechte aus dem Patent mehr geltend machen. → Herstellungsverfahren, → Schutzbereich, → Schutzumfang, → Stoffschutz, → Verletzung

Ersterfinderprinzip, {→ first-to-invent (system)}, → Erfinderprinzip

ES, Abk. für → Spanien, → Vertragsstaat des → EPÜ

Erteilung, {→ grant of patent}, → allowability, → allowance, → issue, → notice of allowance, → Patenterteilung

Europa, {Europe}, Abk. → EP, → EPÜ

europäischer Patentvertreter, {→ European Patent Attorney}, oder der → zugelassene Vertreter vor dem Europäischen Patentamt darf jedermann vor dem → EPA vertreten. Er muß wie der → Patentanwalt oder → Patentassessor ein abgeschlossenes technisches oder naturwissenschaftliches Studium aufweisen, zudem mindestens drei Jahre Berufserfahrung auf dem Gebiet des → gewerblichen Rechtsschutzes haben und die europäische Zulassungsprüfung bestanden haben.

europäischer Recherchenbericht, {European search report}, → Neuheitsrecherche

Europäisches Patentamt, {European Patent Office}, Abk. → EPA

Europäisches Patentübereinkommen, {European Patent Convention}, Abk. → EPÜ

European Patent Attorney, {→ europäischer Patentvertreter}

Examination, {→ Prüfung}, das Prüfungsverfahren vor dem → USPTO

Examiner, {→ Prüfer}, des → USPTO, derzeit etwa 2000.

Examples, {→ Beispiele}, → Vergleichsversuche

ex nunc, {-}, von jetzt ab, mit Wirkung für die Zukunft. → ex tunc

extension (of time), {Fristverlängerung}, Verlängerung einer Korrespondenzfrist (→ Frist) beim → USPTO z.B. für eine → Eingabe auf eine → Office Action des → Examiner. → amendment

ex tunc, {-}, von Anfang an, rückwirkend, mit Wirkung für die Vergangenheit. → ex nunc, → Nichtigkeitsklage, → Einspruch

F

Fachmann, {person skilled in the art, → skilled artisan}, → Durchschnittsfachmann

Fachwelt, {public}, an diese und nicht an die allgemeine Öffentlichkeit richtet sich die → Patentschrift. Sie ist so abzufassen, daß die betreffende Fachwelt die → Erfindung verstehen und nacharbeiten kann. → Ausführbarkeit, → Offenbarung, → Offenlegungsschrift

fertige Erfindung, {complete invention}, eine → Erfindung muß bei ihrer → Anmeldung fertig sein, ansonsten wird sie zurückgewiesen. Nachträgliche → Änderungen und Erweiterungen, welche erst die → Ausführbarkeit sicherstellen, sind → unzulässige Erweiterungen.

FI, Abk. für → Finnland

file history, {Erteilungsakte}, ist die Akte der → application, in die nach → Erteilung des Patents (→ allowance, → grant of patent, → issue) jedermann beim → USPTO → Akteneinsicht nehmen kann.

file wrapper continuation application, {Weiterbehandlungsantrag}, Abk. → FWC, → continuation application

file wrapper estoppel, {aktenkundige Hemmnis}, ist ein aus der → file history ersichtlicher → Verzicht. Er hat zur Folge, daß durch → Beschränkung aufgegebene Teile des ursprünglichen → claims nicht mehr zum → Schutzbreich (→ scope) des → Patents gehören.

filing date, {→ Anmeldetag}

final rejection, {endgültige Zurückweisung}, ist beim → USPTO noch lange nicht das endgültige Aus für eine → application, weil man hiergegen einen → appeal zum → Board of Patent Appeals and Interferences einlegen oder eine → (file wrapper) continuation application einreichen kann, wonach der → Examiner die → Examination wieder aufnimmt. → objections, → rejections

Finnland, {Finland}, Abk. → FI

first-to-file (system), {→ Anmelderprinzip}

first-to-invent (system), {→ Erfinderprinzip}

Formalprüfung, {examination as to formal requirements}, → Eingangsprüfung, → Offensichtlichkeitsprüfung

Fortschritt, {advance in the art}, → technischer Fortschritt

FR, Abk. für → Frankreich, → Vertragsstaat des → EPÜ

Frankreich, {France}, Abk. FR

fraud, {→ Betrug}, nicht nur falsche oder irreführende Angaben jeder Art, sondern auch das Zurückhalten von Angaben, welche für die → patentability einer → application wesentlich sind (→ materiality), gelten als fraud und können die → invalidity eines → Patents bewirken. Fraud setzt Vorsatz voraus. Aber auch reine Fahrlässigkeit kann schon den Bestand eines Patents gefährden, z.B. wenn man im Verfahren vor dem → USPTO die application nicht vorschriftsmäßig behandelt. Hierfür hat sich der Begriff → inequitable conduct eingebürgert. → best mode, → Stand der Technik

Freigabe, {release}, → Inanspruchnahme

Fristen, {deadline, due date, period, term, time limit}, im Verkehr mit Behörden oder Gerichten sind

(i) gesetzliche Fristen, welche nicht verlängerbar sind: z.B. für einen → Einspruch 3 Monate (→ DE), 9 Monate (→ EP); für die → Inanspruchnahme der → Priorität einer Patentanmeldung (→ Anmeldung) weltweit 12 Monate (→ Prioritätsfrist); und für welche es keine → Wiedereinsetzung gibt;

(ii) sogenannte Korrespondenzfristen, welche vom Amt oder Gericht gesetzt werden und verlängerbar sind; und

(iii) Zahlungsfristen, z.B. für die → Jahresgebühren, welche für bestimmte Zeit, häufig mit Zuschlag, verlängerbar sind und für die die Wiedereinsetzung möglich ist.

FWC, {-}, Abk. für → file wrapper continuation application

G

GB, Abk. für → Großbritannien bzw. → Vereinigtes Königreich, → Vertragsstaat des → EPÜ

Gebrauchsmuster, {utility model}, gilt als das „kleine Patent" mit geringerer Anforderung an die → erfinderische Tätigkeit: für ein Gebrauchsmuster genügt ein → erfinderischer Schritt. Früher waren nur Gebrauchsgegenstände und Arbeitsgeräte mit konkreter Raumform dem Schutz zugänglich; heutzutage sind im Grunde alle patentfähigen → Erfindungen (→ Patentfähigkeit), ausgenommen derjenigen, welche unter → Patentierungsverbote fallen, auch gebrauchsmusterfähig; die große und wichtige Ausnahme sind die **VER-FAHREN**, welche nicht schutzfähig sind. Die Vorteile des Gebrauchsmusterschutzes sind neben der geringeren Anforderung an die erfinderische Tätigkeit, der begrenzte → Stand der Technik (in Bezug auf ein Gebrauchsmuster zählen hierzu nur druckschriftliche Beschreibungen und die → offenkundige Vorbenutzung innerhalb Deutschlands), eine sechsmonatige → Neuheitsschonfrist für die Veröffentlichung des Gebrauchsmustergegenstands durch den → Erfinder selbst, die → Abzweigung, die → Ausstellungspriorität, die schnelle Eintragung, wodurch sehr rasch ein einklagbares Schutzrecht resultiert, und die geringeren Gebühren. Nachteilig sind die Beschränkung auf → DE, die fehlende Sachprüfung (hier kann der → Anmelder nie sicher sein, ob er nicht doch nur ein Scheinrecht oder eine „taube Nuß" hat) sowie die vergleichsweise kurze → Laufzeit von maximal 10 Jahren.

Gegenstand des Patents, {→ subject matter of the invention, – of the patent}, oder → Patent- oder → Erfindungsgegenstand, entspricht dem → Patentanspruch und seinem → Schutzbereich. Dies ist gleichbedeutend mit dem Sachgehalt des Patentanspruchs, welcher sich aus dem unmittelbaren Wortlaut und den → Äquivalenzen ergibt. So wird der Anspruch „Lösungsmittel auf der Basis von Alkohol" außer Ethanol auch noch Methanol und Propanol umfassen, weil diese hier technisch gleichwirkend (äquvalent) mit Ethanol sind. Dies dürfte indes für den Anspruch „Genußmittel auf der Basis von Alkohol" aus leicht einsehbaren Gründen nicht mehr gelten.

Geheimanmeldung, {secret application}, ist nicht zu verwechseln mit dem → Betriebsgeheimnis. Die Geheimanmeldung ist eine → Anmeldung, die in staatlichem Interesse geheimgehalten wird. Die Prüfung erfolgt beim → DPA im Rahmen der → Offensichtlichkeitsprüfung bei jeder eingereichten → Anmeldung.

Geheimhaltungsvereinbarungen, {→ secrecy agreements}, sollten stets rechtzeitig mit Geschäfts- und Verhandlungspartnern, Kunden oder externen Erfindern abgeschlossen werden, wenn abzusehen ist, daß mit diesem Personenkreis Vertrauliches, insbesondere noch nicht angemeldete → Erfindungen (→ Anmelderprinzip), in irgend einer Form erörtert werden wird. Zwar hindern Geheimhaltungsvereinbarungen keinen böswilligen Dritten daran, ein ihm anvertrautes Betriebs- oder Geschäftsgeheimnis (→ Know-How) oder eine noch nicht angemeldete Erfindung auszuplaudern (zu offenbaren) oder selbst zum → Patent anzumelden, sie verbessern indes die Rechtsstellung des Geschädigten: So geht dann die gegen die Vereinbarung verstoßende Offenbarung der Erfindung nachweislich auf einen offensichtlichen Mißbrauch zum Nachteil des → Erfinders zurück, und dieser kann seine Erfindung noch binnen 6 Monaten nach der illegalen Offenbarung zum Patent anmelden (→ Neuheitsschonfrist). Die gegen die Vereinbarung verstoßende → Anmeldung und → Erteilung eines Patents geht dann nachweislich auf → widerrechtliche Entnahme zurück; der wahre Berechtigte kann → Einspruch gegen das Patent erheben und nach dessen → Widerruf die Erfindung noch einmal selbst anmelden.

Für die Formulierung einer Geheimhaltungsvereinbarung ist genau festzulegen, WAS WIE LANGE von WEM geheimgehalten werden soll. Außerdem ist genau zu prüfen, wie der Informationsfluß eigentlich abläuft, ob noch andere Parteien wie Tochtergesellschaften, Kunden, Materialprüfungsinstitute oder Behörden darin eingebunden sind, was die Vertragspartner überhaupt mit den ausgetauschten Informationen oder Materialproben etc. anfangen dürfen und was nicht und was damit nach dem Ablauf der Vereinbarung geschehen soll (Rückgabe? Vernichtung?). Dies zeigt, daß es eine „Standard-Geheimhaltungsvereinbarung", welche von einer → Patentabteilung oder einem → Patentanwalt zur allgemeinen Verwendung geliefert wird, nicht geben kann. → Vertraulichkeit

geistiger Diebstahl, {plagiarism}, → widerrechtliche Entnahme

Gemeinschaftspatentübereinkommen, {Community Patent Convention}, Abk. → GPÜ, ist ein vorgesehenes überstaatliches einheitliches Patentrecht für die Staaten der Europäischen Gemeinschaft, nach welchem ein einziges → Patent erteilt wird und welches im Gegensatz zum → EPÜ (→ Bündelpatent) auch die → Wirkung des Patents (→ Nichtigkeitsklage, → Verletzungsprozeß) überstaatlich regelt. Als Behörde ist das → EPA vorgesehen. Das GPÜ ist, was die → Patenterteilung betrifft (→ EPÜ) fertig, es ist indes noch nicht in Kraft, weil in zwei EG-Staaten die Ratifizierung immer noch aussteht, was im Hinblick auf den freien EG-Binnenmarkt ab 1992 ein Unding ist.

Geschmacksmuster, {registered design}, können heutzutage beim → DPA für gewerbliche Muster und Modelle angemeldet werden, welche neu und eigentümlich sind. Die Schutzdauer beträgt maximal 20 Jahre. Die angemeldeten Geschmacksmuster werden im Geschmacksmusterblatt veröffentlicht, eine interessante Lektüre!

gewerbliche Anwendbarkeit, {industrial applicability, – practicability, – usability}, ist eine der gesetzlichen Voraussetzungen der → Patentfähigkeit. Sie dürfte wohl beispielsweise bei der Herstellung von Streusalz aus elementarem Natrium und Chlor nicht gegeben sein. Fehlende gewerbliche Anwendbarkeit ist ein → Einspruchsgrund. Keine gewerbliche Anwendbarkeit haben in → DE und → EP Heil- und Therapieverfahren sowie chirurgische Verfahren, welche von Ärzten ausgeübt werden, denn diese gelten ebenso wie Rechts- und → Patentanwälte nicht als Gewerbetreibende. Sinn und Zweck dieser Vorschrift ist, daß die Medizin von störenden Schutzrechten freigehalten werden soll; der Arzt soll seiner Berufsausübung völlig ungehindert nachgehen können (→ Patentierungsverbot). In den U.S.A. wird dagegen in der Patentierung medizinischer Erfindung kein Problem gesehen. Erfindungen auf landwirtschaftlichem Gebiet gelten als gewerblich anwendbar.

gewerblicher Rechtsschutz, {legal protection of industrial property}, → gewerbliche Schutzrechte

gewerbliche Schutzrechte, {industrial property rights}, zusammenfassend für → Patente, → Gebrauchsmuster, → Geschmacksmuster, → Warenzeichen, → Sortenschutz und → Topographieschutz für elektronische Halbleitererzeugnisse

gewerbsmäßige Benutzung, {industrial use}, nur diese und nicht die private fällt unter das → Patent. → Benutzungsarten, → Schutzbereich, → Schutzumfang, → Verletzung, → Wirkung des Patents

Glaubhaftmachung, {substantiation}, der → Anmelder braucht die → gewerbliche Anwendbarkeit und insbesondere die → Ausführbarkeit seiner → Erfindung nicht zu beweisen, vielmehr genügt die geringere Anforderung der Glaubhaftmachung (aber die muß dann auch gegeben sein, → Beispiele). Hierbei gehen die Ämter davon aus, daß den Angaben des Anmelders bis zum klaren Beweis des Gegenteils (→ Prüfung, → Einspruch, → Nichtigkeitsklage) grundsätzlich zu vertrauen ist.

GPÜ, {CPC}, Abk. für → Gemeinschaftspatentübereinkommen

GR, Abk. für → Griechenland, → Vertragsstaat des → EPÜ

grace period, {→ Neuheitsschonfrist}

grant of patent, {→ Patenterteilung}, durch das → USPTO erfolgt zusammen mit der → issue des U.S.-Patents am → Date of Patent, dem Beginn des 17jährigen → term of patent. → U.S.-Patentrecht

Griechenland, {Greece}, Abk. → GR

Großbritannien, {Great Britain}, Abk. → GB

Große Beschwerdekammer, {Enlarged Board of Appeal}, → Beschwerdekammer

H

Hauptanmeldung, {→ parent application}, → Stammanmeldung, → Zusatzanmeldung

Hauptanspruch, {→ main claim}, → Patentansprüche

Hauptpatent, {main patent, original patent}, → Zusatzpatent

Heilverfahren, {medical treatment, therapy}, unterliegen in → DE und → EP, nicht aber in den U.S.A., einem → Patentierungsverbot. In DE und EP sind nur die in einem Heilverfahren verwendeten Mittel patentfähig. → Arzneimittel, → gewerbliche Anwendbarkeit, → Patentfähigkeit

Herstellungsverfahren, {process of manufacture}, werden vor allem in der Chemie angemeldet (→ Chemie-Erfindungen). Sie sind patentfähig, wenn sie selber chemisch eigenartig sind, d.h. daß die angewandten Verfahrensmaßnahmen auf → erfinderischer Tätigkeit beruhen. Sind dagegen die Verfahrensmaßnahmen als solche trivial (→ Analogieverfahren), kann das Herstellungsverfahren dennoch patentfähig (→ Patentfähigkeit) sein, wenn es ein neues Produkt mit wertvollen Eigenschaften liefert. Die nach einem patentierten Herstellverfahren erhaltenen Produkte sind mit geschützt; dies ist anders beim → Arbeitsverfahren. Das Analogieverfahren gilt in den U.S.A. derzeit noch nicht als patentfähig; ein neuer Gesetzentwurf soll dies aber ändern.

Hilfsanträge, {auxiliary requests, subsidiary requests}, stellt man klugerweise im → Einspruchsverfahren oder Beschwerdeverfahren (→ Beschwerde) auf, wenn man damit rechnet, daß man mit seinem Hauptantrag nicht durchdringt. Erscheint beispielsweise der → Hauptanspruch, welcher sich auf die Verwendung von Säuren allgemein richtet, zu breit, um im Einspruch oder in der Beschwerde noch erfolgreich verteidigt zu werden, wird man vorsichtshalber einen → Patentanspruch, welcher nur noch Salzsäure und Schwefelsäure betrifft, als Hilfsantrag aufstellen, um das Wichtigste zu retten. Unterbleibt der Hilfsantrag, kann alles verloren gehen. → Antrag

Hinterlegung von Mikroorganismen, {deposition of microorganisms}, dient als Ersatz für die häufig schlecht mögliche → Beschreibung von Mikroorganismen. Die Hinterlegung soll auch die → Wiederholbarkeit und Überprüfung der → Ausführbarkeit der → mikrobiologischen Erfindung ermöglichen. Die Mikroorganismen können zu diesem Zweck geeigneten Instituten nach bestimmten Regularien zur Aufbewahrung übergeben werden.

I

Identität, {identity}, → Neuheit

Inanspruchnahme, {laying claim to}, der → Erfindung eines Arbeitnehmers durch den Arbeitgeber muß nach dem deutschen Arbeitnehmererfindungsgesetz (→ Arbeitnehmererfinderrecht) innerhalb von 4 Monaten nach Eingang der vorschriftsgemäßen → Erfindungsmeldung erfolgen; andernfalls muß der Arbeitgeber die → Erfindung dem Arbeitnehmer freigeben, d.h. sie gehört wieder dem Arbeitnehmererfinder (→ Freigabe). Mit der Inanspruchnahme erwächst dem Arbeitgeber die → Anmeldepflicht und die Pflicht zur → Erfindervergütung.

Inanspruchnahme der Priorität, {claiming priority}, → Priorität

incorporation by reference, {„Einverleibung" durch Bezugnahme}, bedeutet die ausdrückliche Aufnahme der → technischen Lehre einer → Entgegenhaltung aus dem → Stand der Technik in eine Patentanmeldung (→ Anmeldung) oder ein → Patent. Der Inhalt der Entgegenhaltung wird dadurch integraler Bestandteil der Patentanmeldung oder des Patents. Die incorporation by reference dient der Abkürzung der → Beschreibung. In den U.S.A. ist hierbei eine gewisse Vorsicht geboten: In der Regel werden vom → USPTO nur U.S.-Patente als geeignet angesehen, erfindungswesentliches Material per incorporation by reference in die → specification einer → application einzuführen.

inequitable conduct, {unbilliges Verhalten}, ist z.B. die fahrlässige unsachgemäße Behandlung einer → application vor dem → USPTO. → fraud

Inhalt der Anmeldung in der ursprünglich eingereichten Fassung, {content of the application as filed}, ist der Maximalrahmen für alle weiteren Verfahren (→ Prüfung, → Einspruch, → Beschwerde, → Nichtigkeitsklage, → Schutzumfang, → Verletzung): alle späteren → Änderungen der Anmeldung, welche über den Inhalt der ursprünglichen Fassung hinausgehen, haben nicht mehr deren → Priorität und können → unzulässige Erweiterungen darstellen, welche die Ungültigkeit des auf die Anmeldung erteilten → Patents bewirken können. → introduction of new matter

innere Priorität, {priority based on an earlier application filed in the DPA}, → Laufzeit, → Priorität

interference, {Kollision von Erfindungen}, ist eine Besonderheit des → U.S.-Patentrechts, welche sich aus dem → Erfinderprinzip (→ first-to-invent system) ergibt. In einem interference-Verfahren kann der first and true inventor dem Erstanmelder das → Recht auf das Patent streitig machen. → first-to-file (system)

internationale Patentanmeldung, {International patent application}, nach dem → PCT erleichtert die → Anmeldung einer → Auslandsanmeldung, wenn diese in besonders vielen Ländern oder → Bestimmungsämtern eingereicht werden soll: für die → internationale Phase muß zunächst nur eine Anmeldung ohne Übersetzung bei einem → Anmeldeamt eingereicht werden, um die Frist für die Inanspruchnahme der → Priorität zu wahren; die Übersetzungen in die Landessprachen müssen erst 20 Monate nach dem → Prioritätstag bei Eintritt in die → nationale Phase eingereicht werden. Der → internationale Recherchenbericht, welcher für die Anmeldung von der → internationalen Recherchenbehörde vergleichsweise rasch erstellt werden muß, bietet eine Beurteilungsgrundlage für die Erfolgsaussichten der Anmeldung; bei rechtzeitigem → Antrag der → internationalen vorläufigen Prüfung binnen 19 Monate nach dem Prioritätstag, verschiebt sich der Eintritt in die nationale Phase in den Ländern, welche diese Prüfung anerkennen (→ ausgewählte Ämter), auf 30 Monate nach dem Prioritätstag, was den Entscheidungsspielraum des Anmelders noch einmal verbessert. → WIPO

internationale Phase, {International stage}, ist der Zeitraum, in dem die → internationale Patentanmeldung noch nicht in die Zuständigkeit der nationalen → Patentämter fällt, sondern von den internationalen Behörden (→ internationales Büro, → internationale Recherchebehörde, → mit der internationalen vorläufigen Prüfung betraute Behörde) nach den gesetzlichen Vorschriften des → PCT bearbeitet wird. → WIPO

internationale Recherchenbehörde, {International Searching Authority}, ist zuständig für die Erstellung des Recherchenberichts für die → internationale Patentanmeldung. Für eine beim → DPA oder beim → EPA eingereichte internationale Patentanmeldung ist das EPA die zuständige Recherchenbehörde. → Neuheitsrecherche, → PCT, → WIPO

internationale vorläufige Prüfung, {International Preliminary Examination}, ist ein nicht bindendes Gutachten zur → Patentfähigkeit der → internationalen Patentanmeldung, welches von der → mit der internationalen vorläufigen Prüfung betrauten Behörde auf der Basis des → internationalen Recherchenberichts angefertigt wird. Die Patentbehörden der Vertragsstaaten des → PCT, welche die betreffenden Bestimmungen des PCT als bindend anerkennen, werden → ausgewählte Ämter genannt. → WIPO

internationaler Recherchenbericht, {International Search Report}, wird von der → internationalen Recherchenbehörde für die → internationale Patentanmeldung erstellt. → Neuheitsrecherche, → PCT, → WIPO

internationales Büro, {International Bureau}, mit dem Sitz bei der → WIPO in Genf ist zuständig für die Koordination der Bearbeitung der → internationalen Patentanmeldung nach dem → PCT.

intervening rights (to continued use), {→ Weiterbenutzungsrecht, → Zwischenbenutzungsrecht}, → reissue

interview, {→ Anhörung}, findet statt bei einem → Examiner des → USPTO im Rahmen der → Examination einer → application. Ein interview ist häufig ein wirkungsvolles Mittel, um Mißverständnisse und strittige Punkte auszuräumen und die Examination zu beschleunigen. → mündliche Verhandlung

introduction of new matter, {Einführung nicht ursprünglich offenbarter Merkmale, → unzulässige Erweiterung}, in eine → application ist nicht gestattet. Häufig läßt sie sich aber nicht vermeiden, wenn man nicht-offensichtliche Fehler oder → Irrtümer, in der → specification, korrigieren will. Wenn der → Examiner die Korrekturen oder die → Änderungen nicht zuläßt, bleibt dem → applicant nichts anderes übrig, als eine → continuation-in-part application einzureichen. → Inhalt der Anmeldung in der ursprünglich eingereichten Fassung

invalidity, {Rechtsungültigkeit}, eines U.S.-Patents resultiert z.B. aus der fehlenden → patentability, → fraud oder dem Verschweigen der → best mode. Nach amerikanischer Rechtsauffassung werden U.S.-Patente gültig „geboren" (→ presumption of validity). Es steht deshalb nicht dem → USPTO, sondern nur den ordentlichen Gerichten zu, ein einmal erteiltes U.S.-Patent zu widerrufen. Die einzige Ausnahme von diesem Prinzip ist die → reexamination eines Patents, welche nur eingeleitet wird, wenn nachträglich zutreffende druckschriftliche → prior art bekannt wird, die → materiality hat.

invention, {→ Erfindung}

inventor, {→ Erfinder}

inventor's oath and declaration, {Erfindereid und Übertragungserklärung} sind ein sine qua non einer → application, die beim → USPTO eingereicht werden soll, und enthalten u.a. die Versicherung, daß die Unterzeichner in der Tat die einzigen und ersten und wahren → Erfinder sind und daß sie die → application gelesen und verstanden! haben. Sie werden meist bei Übergabe des → Erfinderdollars unterzeichnet. → assignee

Inverkehrbringen, {placing a patented article on the market}, ist eine Benutzungshandlung (→ Benutzungsarten) wie Verkaufen, Vermieten, allgemeine Überlassung zum Gebrauch oder zur Weiterveräußerung.

Irrtümer, {errors}, offensichtliche Irrtümer können in einer → Anmeldung korrigiert werden (z.B. statt „...ein Alkylrest wie Phenyl oder Toluyl...", richtig „...ein Arylrest..."), ohne daß dies eine → unzulässige Erweiterung oder → introduction of new matter wäre. Bei nicht-offensichtlichen Fehlern geht dies in der Regel nicht (Cu-I-Bromid statt Cu-II-Bromid). Irrtümer über den relevanten → Stand der Technik, z.B. wird etwas fälschlicherweise als bekannt vorausgesetzt, sind hinsichtlich der → Patentfähigkeit unschädlich, sie können sich aber nachteilig, weil einschränkend, auf den → Schutzbereich auswirken. → Inhalt der Anmeldung in der ursprünglich eingereichten Fassung

issue, {Ausgabe, Erlaß}, eines U.S.-Patents erfolgt zusammen mit dem → grant of patent am sogenannten → Date of Patent. Dieser Tag ist der Beginn des 17jährigen → term of patent. Bis dahin sind die → applications geheim. → U.S.-Patentrecht

IT, Abk. für → Italien, → Vertragsstaat des → EPÜ

Italien, {Italy}, Abk. → IT

J

Jahresgebühren, {→ maintenance fees}, sind in den meisten Ländern zur → Aufrechterhaltung von → Anmeldungen und → Patenten zu entrichten. Sie sind generell gestaffelt: zu Beginn der → Laufzeit niedrig, später sehr hoch (→ DE: DM 100.- für das 3. Jahr, DM 3OO.- für das 20. Jahr). → Zusatzpatente

Japan, {Japan}, Abk. → JP

Japanese Patent Office, {Kaiserliches Japanisches Patentamt}, Sitz in Tokyo, Abk. → JPO

Jepson type claim, {-}, auch German type claim genannt, entspricht der zweiteiligen → Anspruchsfassung in → DE und → EP und erleichtert in den U.S.A. die → allowance; allerdings gilt der gewählte Oberbegriff unabänderlich als → prior art, selbst wenn sich nachträglich herausstellt, daß dies nicht der Fall war (→ Irrtümer). Generell hat der Jepson type claim die Form: „In a process for.... (→ Oberbegriff, preamble) the improvement comprising...(→ kennzeichnender Teil, characteristics)".

JP, Abk. für → Japan

JPO, Abk. für das → Japanese Patent Office

K

Kanada, {Canada}, Abk. → CA

Kategorie, {category}, → Patentansprüche

kennzeichnender Teil, {characteristics, characterizing part}, → Anspruchsfassung, → Jepson type claim

Klassen, {classes}, im deutschen Warenzeichengesetz sind sämtliche Waren und Dienstleistungen in Klassen eingeteilt (34 Warenklassen und 8 Dienstleistungsklassen). Wird ein bestimmtes → Warenzeichen für mehrere Klassen angemeldet, ist für jede Klasse eine Gebühr zu zahlen.

Know-How, {praktische Erfahrung und Wissen}, hierunter fallen alle geheimgehaltenen technischen Kenntnisse eines Betriebs, ob sie nun patentfähig sind oder nicht (→ Patentfähigkeit); in der Regel sind sie es nicht. Über Know-How kann ebenso ein → Lizenzvertrag abgeschlossen werden wie über ein Schutzrecht, allerdings besteht kein öffentlich rechtlich garantierter Schutz des Know-How, sondern nur ein privatrechtlicher zwischen den Vertragspartnern durch → Geheimhaltungsvereinbarung. → Betriebsgeheimnis

Kombination, {combination}, ist im weiteren Sinn die Kennzeichnung einer → Erfindung durch mehrere bekannte Elemente. Handelt es sich dabei um eine pure Aneinanderreihung ohne → besonderen unerwarteten technischen Effekt, spricht man von (nicht erfinderischer) → Aggregation. Im engeren Sinne gilt eine Kombination oder Kombinationserfindung als auf → erfinderischer Tätigkeit beruhend, weil hier die neuartige gemeinsame Anwendung der an sich bekannten Einzelelemente den besonderen unerwarteten technischen Effekt bewirkt (→ synergistischer Effekt). Kombinationserfindungen sind in der Praxis sehr häufig und stets kontrovers.

korrespondierende Anmeldungen und Schutzrechte, {corresponding applications and industrial property rights}, werden auch als → äquivalente Anmeldungen und Schutzrechte, Mitglieder einer → Patentfamilie, → Parallelanmeldungen oder etwas ungenau als → copending applications bezeichnet und gehen auf eine gemeinsame → Stammanmeldung zurück. → Auslandsanmeldungen

L

Laufzeit, {→ term of patent}, eines Patents beträgt in → EP und → DE sowie in zahlreichen anderen Ländern 20 Jahre ab → Anmeldetag und nicht ab → Prioritätstag, es sei denn der Anmeldetag ist gleich dem Prioritätstag, was aber nur für die prioritätsbegründende → Anmeldung (→ Priorität) der Fall ist. Beispielsweise wird die prioritätsbegründende Anmeldung beim → DPA und kurz vor Ablauf des → Prioritätsjahres beim → EPA mit der → Benennung DE angemeldet (→ Auslandsanmeldung). Hiernach läßt man in der Regel die deutsche Anmeldung fallen. Beginn der Laufzeit der europäischen Anmeldung ist dann der europäische Anmeldetag und nicht der deutsche Prioritätstag. Hieraus resultiert de facto eine Laufzeitverlängerung für die ursprüngliche Anmeldung um bis zu 1 Jahr auf maximal 21 Jahre. Um → Anmelder, welche nur in DE und nicht in EP anmelden wollen, hinsichtlich der Laufzeit nicht schlechter zu stellen, wurde das Instrument der → inneren Priorität eingeführt: Der Anmelder reicht innerhalb des Prioritätsjahres seine Anmeldung (ggf. wie ein → Auslandstext erweitert) noch einmal ein und läßt seine ursprüngliche Anmeldung fallen.

In den U.S.A. liegt die Laufzeit, → term of patent, bei 17 Jahren, welche mit dem → Date of Patent (→ grant of patent, → issue) beginnen. Da die → applications vorher geheim sind, kann dies je nach Standpunkt zu bösen oder auch guten Überraschungen führen (→ Patentlage, → U.S.-Patentrecht).

Lehre zum technischen Handeln, {technical teaching}, oder → technische Lehre ist die formale Definition einer → Erfindung, wobei materiell rechtlich hinzukommt, daß die technische Lehre neu und gewerblich anwendbar sein sowie auf → erfinderischer Tätigkeit beruhen muß, um patentfähig zu sein (→ Patentfähigkeit). Eine → Entdeckung ist auf alle Fälle und eine wissenschaftliche Publikation häufig keine technische Lehre.

LI, Abk. für → Liechtenstein, → CH/LI, → Vertragsstaat des → EPÜ

Liechtenstein, {Liechtenstein}, Abk. → LI, → CH/LI

Lizenz, {license}, stellt die vertragliche Einräumung (→ Lizenzvertrag) von Benutzungsrechten (→ Benutzungsarten) an Dritte dar.

Rechtlich gesehen gibt es die folgenden Formen der Lizenz:

– die negative Lizenz erschöpft sich in der ausdrücklichen oder der stillschweigenden Zusage gegenüber einem → Lizenznehmer, durch Duldung keine Rechte gegen ihn geltend zu machen –

– die positive Lizenz ist das ausdrückliche Einräumen eines Nutzungsrecht an einem → Schutzrecht, was meist verbunden ist mit bestimmten sonstigen Leistungen des → Lizenzgebers wie Zugabe von → Know-How, Garantien und technischer Betreuung –

– die ausschließliche Lizenz gewährt dem Lizenznehmer das alleinige Nutzungsrecht; er erhält hierdurch eine Rechtsstellung ähnlich der eines → Patentinhabers –

– die nicht ausschließlichen oder einfachen Lizenzen gewähren einem oder mehreren Lizenznehmern Nutzungsrechte –

Sachlich gesehen unterscheidet man folgende Formen:

– Betriebslizenz, die Nutzung ist auf einen bestimmten Betrieb (z.B. nur bei der BASF in Ludwigshafen) beschränkt –

– Gebiets- oder Bezirkslizenz, die Nutzung ist auf ein bestimmtes geographisches Gebiet (z.B. nur in Europa, nicht in den U.S.A.) beschränkt –

– Quotenlizenz, die Nutzung ist auf eine bestimmte Menge an Produkten (z.B. 100.000 to Essigsäure) begrenzt –

– Benutzungslizenz, die Nutzung ist auf eine bestimmte → Benutzungsart beschränkt (z.B. Essigsäure darf der Lizenznehmer zwar herstellen, aber nicht frei verkaufen, sondern nur an den Lizenzgeber liefern) –

– Import- und Exportlizenz.

Nach Schutzrechtsarten werden die Lizenzen z.B. in Patent- oder Gebrauchsmusterlizenzen unterteilt. Wenn keine Schutzrechte vorhanden sind, handelt es sich um eine reine Know-How-Lizenz.

Finanziell unterscheidet man entgeltliche (kostenpflichtige) und unentgeltliche (nicht kostenpflichtige, freie) Lizenzen.

In der Praxis treten überwiegend Mischformen auf.

Lizenzgeber, {licensor}, ist im Besitz von → Schutzrechten oder Know-How, deren Nutzung er dem → Lizenznehmer gegen Entgelt oder kostenlos gestattet. → Lizenz

Lizenzgebühr, {license duty, royalty}, erstattet der → Lizenznehmer dem → Lizenzgeber für die überlassenen Nutzungsrechte. Hierbei kann es sich um eine Abschlagszahlung oder um laufende Gebühren, häufig aber um beides handeln. Die laufenden Gebühren sind meist auf den Umsatz bezogen, der mit dem lizenzierten Produkt oder Verfahren erzielt wird. Die Verpflichtung zur Zahlung erlischt, wenn das betreffende → Schutzrecht erlischt oder widerrufen wird (→ Aufrechterhaltung, → Einspruch, → Erlöschen, → Nichtigkeitsklage,

→ Widerruf) oder wenn der betreffende → Know-How ohne Zutun des Lizenznehmers allgemein bekannt wird. → Lizenzvertrag

Lizenznehmer, {licensee}, darf den → Know-How oder die → Schutzrechte des → Lizenzgebers unentgeltlich oder gegen Zahlung einer → Lizenzgebühr nutzen.

Lizenzvertrag, {license agreement}, regelt die Rechte und Pflichten der Vertragspartner oder Parteien, insbesondere Art und Umfang der → Lizenz, die Höhe der → Lizenzgebühr, Garantien des Lizenzgebers hinsichtlich der lizensierten Technologie und ihrer Patentfreiheit (→ Patentlage), die Kündigungsbedingungen und welches Recht im Streitfall anzuwenden ist (bei Lizenzverträgen mit ausländischen Partnern wird häufig das Schweizer Recht herangezogen). Der Lizenzvertrag gilt trotz Parallelen zu Miet-, Pacht- und Kaufverträgen als „Vertrag besonderer Art", insbesondere auch wegen der Risiken, welche er sowohl für den Lizenzgeber als auch für den Lizenznehmer bergen kann.

Lösung, {solution of a problem}, die → erfinderische Tätigkeit ist in der Regel in der Lösung einer bestimmten technischen → Aufgabe zu suchen; deshalb auch der Satz: „die erfinderische Tätigkeit ist im Hinblick auf Aufgabe und Lösung zu beurteilen".

LU, Abk. für → Luxemburg, → Vertragsstaat des → EPÜ

Luxemburg, {Luxembourg}, Abk. → LU

M

main claim, {→ Hauptanspruch}, → Patentansprüche

maintenance, {→ Aufrechterhaltung}

maintenance fees, {→ Jahresgebühren}

mangelhafte Offenbarung, {deficient disclosure}, → Offenbarung, → rejection under 35 U.S.C. 112

Markush group, {-}, ist benannt nach einem → applicant, der diese Form der alternativen Aufzählung zum ersten Mal beim → USPTO durchgesetzt hat. Im Grunde entspricht die Markush group der in → DE und → EP geläufigen alternativen Aufzählung „Lösungsmittel, enthaltend Methanol, Ethanol, Propanol **und/oder** Butanol", welche ausdrückt, daß das Lösungsmittel jeweils nur einen Alkohol oder auch mehrere Alkohole enthalten kann. Diese Wendung ist bei den → Examiners noch immer verpönt, weswegen sie gewohnheitsmäßig in die Wendung „A solvent containing at least one alcohol selected from the

<Markush> group consisting of methanol, ethanol, propanol and butanol" umgedichtet wird.

materiality, {Erheblichkeit}, ist ein Standard zur Beurteilung der Relevanz von → prior art durch den → Examiner: bewußt verschwiegene oder erst nachträglich bekannt gewordene → references oder → citations sind nur dann für die Frage der → validity oder → invalidity eines U.S.-Patents erheblich, d.h. material, wenn sie von einem „reasonable Examiner" bei der → Examination in Betracht gezogen worden wären. Die materiality ist von Bedeutung im Zusammenhang mit → fraud und → reexamination

Merkmale, {characteristics, elements, features}, → Anspruchsfassung

Merkmalsanalyse, {-}, → Anspruchsfassung

mikrobiologische Erfindungen, {microbiological inventions}, sind genauso patentfähig wie Erfindungen auf dem Gebiet der klassischen Chemie, d.h. es ist auch → Stoffschutz für neue Mikroorganismen möglich. → Ausführbarkeit, → Hinterlegung, → Wiederholbarkeit

mit der internationalen vorläufigen Prüfung beauftragte Behörde, {International Preliminary Examining Authority}, ist für die → internationale vorläufige Prüfung der → internationalen Patentanmeldung zuständig. → ausgewähltes Amt, → PCT, → WIPO

Mittelanspruch, {means claim}, ist ein verkappter → Verwendungsanspruch: z.B. „Herbizid, enthaltend den Wirkstoff X", statt „Verwendung des Wirkstoffes X als Herbizid". Der Vorteil eines Mittelanspruchs ist, daß das Präparat einen zweckgebundenen → Stoffschutz genießt, der indes rechtstheoretisch umstritten ist. Der Mittelanspruch ist auch in den U.S.A. problematisch, weil er dort eher als ein → Sachanspruch aufgefaßt wird, wobei die Zweck- oder Verwendungsangabe in der Regel vom → Examiner nicht als ausreichend angesehen wird, den Stoff in patentfähiger Weise (→ patentability) von der → prior art zu unterscheiden.

mittelbare Patentverletzung, {contributory infringement of a patent}, ist gegeben, wenn ein ungeschütztes Erzeugnis geliefert oder empfohlen wird, mit dessen Hilfe ein → Patent unmittelbar verletzt werden kann (→ Verletzung). Die mittelbare Patentverletzung liegt insbesondere dann vor, wenn das betreffende Erzeugnis „erfindungsfunktionell individualisiert" ist, d.h. daß es vor allem der Ausführung des Patents dient (z.B. die Lieferung der als solche ungeschützten, indes speziell geformten Zahnräder für den Zusammenbau eines geschützten Getriebes). Bei Lieferung von Allerweltsprodukten wie Schwefelsäure liegt wohl keine mittelbare Patentverletzung vor, es sei denn, der Lieferant leistet bewußt Beihilfe.

Monopolprinzip, {-}, → Erfindervergütung

Mosaikarbeit, {combination of prior art references}, oder mosaikartige Zusammenschau ist das Zusammensuchen von Einwänden gegen die → Patentfähigkeit einer → Erfindung aus mehreren → Entgegenhaltungen oder Druckschriften des → Standes der Technik. Sie darf nicht zum Nachweis der fehlenden → Neuheit angewandt werden, denn diese muß aus einer einzigen Entgegenhaltung hervorgehen. Sie ist jedoch für den Nachweis der fehlenden → erfinderischen Tätigkeit zulässig und üblich. Allerdings wird oftmals geltend gemacht, daß der → Durchschnittsfachmann durch den Stand der Technik dazu angeregt oder motiviert (→ Motivation) werden muß, die Entgegenhaltungen auch miteinander zu verknüpfen, oder daß die Entgegenhaltungen nicht aus weit voneinander entfernten Gebieten der Technik stammen dürfen.

Motivation, {motivation}, wird der Einwand der fehlenden → erfinderischen Tätigkeit auf mehrere → Entgegenhaltungen gestützt, muß nach allgemeiner Auffassung der → Stand der Technik selbst den → Durchschnittsfachmann z.B. durch Querverweise dazu motivieren, → Mosaikarbeit zu leisten. Bestehen kein Anlaß oder kein sachlicher Bezugspunkt zur Kombination von Entgegenhaltungen, dann ist deren mosaikartige Zusammenschau auch nicht zulässig: ein → Erfinder hat sich z.B. die → Aufgabe gestellt, ein neuartiges Getränk zu schaffen, und hat als → Lösung dieser Aufgabe ein Gemisch aus Wasser und 5 bis 15 Vol.-% Ethanol sowie Spuren bestimmter Aromastoffe gefunden. Aus dem Stand der Technik war es aus einer Entgegenhaltung 1 bekannt, Gemische aus Wasser, den Aromastoffen und weniger als 5 Vol.-% Ethanol zum Gurgeln zu verwenden. Aus einer Entgegenhaltung 2 war es dagegen bekannt, daß sich Gemische aus Wasser und mehr als 5 Vol-% Ethanol hervorragend als Reiniger von Eisenbahnwaggons eignen. Hier besteht für den Durchschnittsfachmann keine Motivation, diese beiden Entgegenhaltungen mosaikartig zusammenzufassen, um zu dem → Erfindungsgegenstand zu gelangen; zwar kommt ein Mittel zur Mundspülung einem Getränk schon recht nahe, aber ein Reinigungsmittel für Eisenbahnwaggons ist hiervon so weit entfernt, daß kein sachlicher Bezugspunkt mehr existiert. Wird in der Entgegenhaltung 1 gar noch empfohlen, das Gemisch zur Mundspülung ja nicht zu verschlucken, liegt ggf. noch ein → Vorurteil gegen das Getränk vor.

mündliche Verhandlung, {oral proceedings}, findet regelmäßig, auf alle Fälle aber auf → Antrag eines Verfahrensbeteiligten, in Verfahren vor dem → Bundespatentgericht, dem → BGH oder den → Prüfungsabteilungen, → Einspruchsabteilungen und → Beschwerdekammern des → EPA statt. Es sind meist recht spannende Veranstaltungen, bei denen häufig der → Erfinder als technischer → Sachverständiger auftreten muß oder darf. → Anhörung, → interview

multiple dependant claim, {mehrfach abhängiger Anspruch}, → Patentansprüche

N

Nachanmeldung, {subsequent application}, → Auslandsanmeldung, → Priorität

naheliegend, {→ obvious}, → erfinderische Tätigkeit

nationale Phase, {National stage}, in der nationalen Phase wird die → internationale Patentanmeldung von den → Bestimmungsämtern oder von den → ausgewählten Ämtern den jeweiligen nationalen Gesetzen gemäß weiterbearbeitet. Der Eintritt in die nationale Phase bei den Bestimmungsämtern erfolgt spätestens 20 Monate nach dem → Prioritätstag. Ist innerhalb von 19 Monaten nach dem Prioritätstag ein Antrag auf → vorläufige internationale Prüfung gestellt worden, verschiebt sich der Eintritt in die nationale Phase bei den ausgewählten Ämtern auf 30 Monate nach dem Prioritätstag. → Auslandsanmeldung, → PCT, → WIPO

Naturstoffe, {natural products}, sind nicht patentfähig, wenn sie in der Natur lediglich aufgefunden wurden, z.B. durch einfache Extraktion aus Blütenblätter (→ Entdeckung). War der Naturstoff aber beispielsweise glykosidisch gebunden oder lag er in einem komplizierten Gemisch mit anderen Stoffen vor, aus dem er mühsam isoliert werden mußte, kann der → Stoffschutz anerkannt werden. Ein nachträglich in der Natur aufgefundener Stoff steht dem betreffenden synthetisch hergestellten Stoff nicht als offenkundig vorbenutzt entgegen. → offenkundige Vorbenutzung, → Patentfähigkeit

Nebenanspruch, {alternative independant claim}, → Patentansprüche

neues Vorbringen, {presentation of new facts and arguments}, d.h. das Vorlegen neuer → Entgegenhaltungen ist in → DE im → Einspruch oder in den Verfahren vor dem → Bundespatentgericht oder dem → BGH an und für sich nicht statthaft, es wird indes meist großzügig geduldet, wenn es im Rahmen der ursprünglichen Begründung liegt. Hier reagieren die → Einspruchsabteilungen und die → Beschwerdekammern des → EPA weitaus ungnädiger und weisen ein solches Vorbringen oftmals zurück. Man sollte deshalb tunlichst alle seine Waffen bereit haben, wenn man in den Kampf zieht, und alle Argumente und Einwande fristgerecht vorbringen. Ein Zurückhalten des Hauptarguments aus irgendwelchen taktischen Gründen (z.B. wird bei einem → Einspruch zunächst nur fehlende → erfinderische Tätigkeit geltend gemacht, den „Haupthammer", die fehlende → Neuheit, möchte man sich für später aufheben) kann sehr nachteilige Folgen haben. → verspätetes Vorbringen

Neuheit, {→ novelty}, ist das absolute Kriterium oder die absolute Voraussetzung der → Patentfähigkeit einer → Erfindung. Formal gesehen kann der gesamte → Stand der Technik neuheitschädlich sein, d.h. alles, was irgendwo, irgendwann und in irgendeiner Weise einmal öffentlich bekannt geworden ist (→ Entgegenhaltungen, → Geheimhaltungsvereinbarungen, → offenkundige Vorbenutzung), sowie der Inhalt → älterer Anmeldungen. Hierbei ergibt sich die fehlende Neuheit eines → Erfindungsgegenstandes nur aus einem Einzelvergleich, → Mosaikarbeit ist nicht gestattet (→ erfinderische Tätigkeit).

Für den Unbefangenen überraschend bietet der Neuheitsbegriff die größten rechtlichen Probleme, weil er sowohl im Sinne der absoluten Identität (→ photographische Neuheit, enger Neuheitsbegriff) als auch im Sinne der → Äquivalenz (weiter Neuheitsbegriff) ausgelegt werden kann: z.B. war bekannt, C_1- bis C_3-Alkanole als Lösungsmittel zu verwenden; nach dem engen Neuheitsbegriff wäre die Verwendung von Ethanol neu, nach dem breiten Neuheitsbegriff dagegen noch nicht einmal die Verwendung von Butanol (im ersten Fall wäre dann bei der weiteren → Prüfung die → erfinderische Tätigkeit zu prüfen, im zweiten Fall wäre die → Anmeldung gleich zu widerrufen). Die Beurteilung der Neuheit ist daher immer strittig!

Das Erfordernis der Neuheit gilt für alle Rechte am geistigen Eigentum und alle → gewerblichen Schutzrechte, → Warenzeichen ausgenommen, welche nicht neu sein müssen.

Neuheitsrecherche, {search for prior art}, zu einer → Erfindung wird vom → DPA auf gebührenpflichtigen → Antrag hin durchgeführt. Sie dient dazu, dem → Erfinder die Einschätzung der → Patentfähigkeit seiner Erfindung zu erleichtern. Ansonsten ist die Neuheitsrecherche bei der → Prüfung deutscher, europäischer (→ EPA), U.S.-amerikanischer (→ U.S.-Patentrecht) und → internationaler Patentanmeldungen (→ PCT) obligatorisch. Im Falle europäischer oder internationaler Patentanmeldungen wird sie als → Europäischer Recherchenbericht bzw. als → Internationaler Recherchenbericht veröffentlicht. Hiernach kann der Anmelder entscheiden, ob er seine europäische oder internationale Patentanmeldung weiterverfolgen oder fallen lassen will. → Auslandsanmeldung

Neuheitsschonfrist, {→ grace period}, die eigene Vorveröffentlichung des → Erfindungsgegenstandes durch den → Erfinder oder → Anmelder wirkte früher nicht neuheitsschädlich (→ Neuheit), jedoch ist diese Vorschrift in dieser allgemeinen Form entfallen und gilt heute nur noch für → Gebrauchsmuster und für den Fall, daß die Vorveröffentlichung auf eine → widerrechtliche Entnahme der Erfindung zu Lasten des Erfinders zurückgeht (→ Geheimhaltungsvereinbarungen). Eine einjährige Neuheitsschonfrist existiert aber noch in den U.S.A. (→ U.S.-Patentrecht). Dies führt manchmal dazu, daß U.S.-Erfinder oder -Anmelder (→ applicant) in Verkennung der Rechtslage in → DE, → EP oder → JP ihre eigenen → Auslandsanmeldungen durch eigene Publikationen neuheitsschädlich vorwegnehmen (so geschehen bei der Anmeldung der Hochtemperatursupraleiter der IBM in EP!).

new matter, {nicht ursprünglich offenbarte Merkmale}, → Inhalt der Anmeldung in der ursprünglich eingereichten Fassung, → introduction of new matter, → unzulässige Erweiterung

Nichtangriffsklausel, {noncontestability clause}, ist die Bestimmung in → Lizenzverträgen, daß der → Lizenznehmer die lizensierten Schutzrechte des → Lizenzgebers nicht angreifen darf (z.B. mit → Einspruch oder → Nichtigkeitsklage). Nach EG-Kartellrecht gilt die Nichtangriffsklausel als unzulässig. Andererseits ist in → DE die → Nichtigkeitsklage unzulässig, wenn eine solche Klausel im Vertrag enthalten ist.

Nichtigkeitsklage, {action for revocation, nullity suit, plea for nullity}, kann in → DE (noch nicht in → EP!) nach rechtskräftiger → Patenterteilung (also nicht, wenn ein → Einspruchsverfahren noch läuft) zur Vernichtung des → Patents beim → Bundespatentgericht angestrengt werden. Die Nichtigkeitsgründe sind dieselben wie die → Einspruchsgründe. Die Vernichtung oder Teilvernichtung (→ Aufrechterhaltung) wirkt → ex tunc, d.h. das Patent wird in seiner → Wirkung so gewertet, als habe es niemals existiert. Die Ausnahme bilden die → Lizenzgebühren oder die → Erfindervergütung, welche nicht zurückgezahlt werden müssen.

Gegen eine Entscheidung der Nichtigkeitssenate des Bundespatentgerichts in einer Nichtigkeitssache findet die → Berufung zum BGH statt.

nicht naheliegend, {→ non-obvious}, → erfinderische Tätigkeit

Niederlande, {Netherlands}, Abk. → NL, → Vertragsstaat des → EPÜ

NL, Abk. für → Niederlande

NO, Abk. für → Norwegen

non-obvious, {→ nicht naheliegend, erfinderisch}, → erfinderische Tätigkeit, → obvious(ness), → rejection under 35 U.S.C 103

Norwegen, {Norway}, Abk. → NO

Notice of Allowance, {amtliche Feststellung der Erteilungsfähigkeit}, → allowance

novelty, {→ Neuheit}, → anticipation, → Neuheitschonfrist, → rejection under 35 U.S.C. 102

O

Oberbegriff, {generic part of claim, preamble}, → Anspruchsfassung

objection, {Einwand}, ist ein formaler oder materieller Einwand des → Examiner in der → Office Action. Objection führt zu → rejection der → application.

obvious(ness), {→ naheliegend, Naheliegen, fehlende → erfinderische Tätigkeit}, führt zur → rejection under 35 U.S.C 103. → prima facie case of obviousness

Öffentlichkeit, {public, publicity}, ist bei → mündlichen Verhandlungen vor dem → DPA, dem → Bundespatentgericht, dem → BGH oder dem → EPA immer gegeben, soweit veröffentlichte → Anmeldungen oder → Patente betroffen sind.

Des weiteren richtet sich die Anmeldung oder das Patent an die interessierte Öffentlichkeit oder an die → Fachwelt des betreffenden technischen Gebiets; deren Mitglieder müssen die → technische Lehre der Anmeldung oder des Patents verstehen oder nacharbeiten können (→ Ausführbarkeit, → Durchschnittsfachmann, → Offenbarung). Es ist nicht notwendig, daß jedermann die technische Lehre versteht.

Österreich, {Austria}, Abk. → AT

Offenbarung, {→ disclosure, enabling disclosure}, ist eine wesentliche Voraussetzung der → Patentfähigkeit, d.h. die → Erfindung muß so beschrieben (→ Beschreibung) und beansprucht (→ Patentansprüche) sein, daß ein Fachmann (→ Durchschnittsfachmann) sie ausführen kann (→ Ausführbarkeit). Außerdem muß die → Öffentlichkeit wissen, was sie im Hinblick auf die → Anmeldung oder das → Patent noch tun darf oder was ihr verboten ist (→ Schutzbereich, → Wirkung). Beispiele für häufige Offenbarungsmängel in Anmeldungen sind

– die Verwendung betriebsinterner Phantasiebezeichnungen wie „Dicköl", sofern nicht definiert –

– die Verwendung von Handelsnamen (z.b. Warenzeichen wie „Persil"), da sich die Zusammensetzung der betreffenden Ware ändern kann –

– die Angabe von Prozentanteilen, die nicht zu 100% aufgehen –

– die Angabe, daß man „geeignete Maßnahmen ergreift" –

– ungenaue Angaben wie „Eingabe des Stoffes X in den Produktionsgang der Papierherstellung" (wo?) –

– die Angabe eines durchweg falschen Temperaturbereichs (z.b. °C wenn Fahrenheit gemeint waren) – etc.

→ Offenbarungsmängel sind sehr selten heilbar, selbst aufgrund der richtigen → Prioritätsunterlagen nicht; sie sind ein häufiger und oft schwerwiegender Fallstrick bei Anmeldungen. → Änderung, → Inhalt der Anmeldung in der ursprünglich eingereichten Fassung, → Irrtümer, → unzulässige Erweiterung

Offenbarungsmangel, {deficiency of the disclosure}, → Offenbarung, → mangelhafte Offenbarung

offenkundige Vorbenutzung, {public prior use}, ist eine Form der → Offenbarung, → Vorwegnahme oder → Veröffentlichung der → Erfindung, welche ebenso neuheitsschädlich (→ Neuheit) wirkt wie eine druckschriftliche → Vorveröffentlichung (→ Entgegenhaltungen). Sie ist gegeben, wenn der → Erfindungsgegenstand bereits im Handel oder sonstwie z.B. im Museum vorhanden war. Die Gefahr der offenkundigen Vorbenutzung ist insbesondere bei Bemusterung von Kunden mit noch nicht zum → Patent angemeldeten Produkten oder bei Tests von Produkten oder Geräten außerhalb des Werksgeländes (z.B. der Test eines neuen Fahrrades auf öffentlichen Straßen) gegeben. Die Benutzung einer → Erfindung beim Kunden unter der Auflage der → Vertraulichkeit (→ Geheimhaltungsvereinbarungen) gilt nicht als offenkundige Vorbenutzung.

Für die Offenkundigkeit der Vorbenutzung genügt es, daß die → Fachwelt die Möglichkeit hatte, von der Erfindung Kenntnis zu nehmen, ob sie es dann auch wirklich getan hat, ist im Grunde belanglos. So gilt z.B. eine neue komplexe Produktionsanlage in einer Fabrik, welche an einem „Tag der offenen Tür" von Betriebsangehörigen und ihren Familien sowie von Rentnern besichtigt werden konnte, dann nicht als offenkundig vorbenutzt, wenn nicht z.B. durch Anschlag am Werkstor oder durch Inserat in einer Zeitung auf die Besichtigungsmöglichkeit hingewiesen worden war.

Die offenkundige Vorbenutzung kann auch nachträglich festgestellt werden, z.B. durch nachträgliche Analyse eines im Handel befindlichen Farbstoffs.

Die offenkundige Vorbenutzung ist auch ein → Einspruchs- oder Nichtigkeitsgrund (→ Nichtigkeitsklage), welcher aber sehr genau untermauert sein muß, um nicht von vornherein verworfen zu werden. So ist in der Regel ein im Handel befindliches Produkt kein Beweis für die offenkundige Vorbenutzung eines patentierten Verfahrens, mit dem das besagte Produkt hergestellt werden kann (→ Herstellungsverfahren). Generell gilt, daß man sehr genau belegen muß, wer was wo und wie vorbenutzt hat, ansonsten gerät man sehr leicht in Beweisnot.

Offenlegungsschrift, {unexamined laid-open patent application}, oder die A-Schrift wird vom → DPA oder → EPA 18 Monate nach dem → Prioritätstag einer → Anmeldung herausgegeben. Ihr Zweck ist die frühe Unterrichtung der → Öffentlichkeit (→ Fachwelt) von der → Erfindung. Der Offenlegungstag ist auch der Geburtstag der Erfindung als druckschriftlicher → Stand der Technik, welcher anderen → Anmeldungen mit einem Prioritätstag nach dem Offenlegungstag bezüglich der → Neuheit und der → erfinderischen Tätigkeit entgegengehalten werden kann (→ Entgegenhaltungen). Gegen eine Offenlegungsschrift kann kein → Einspruch erhoben werden! → ältere Anmeldung, → statutory invention registration, → Vorbenutzungsrecht, → Zwischenbenutzungsrecht

Offensichtlichkeitsprüfung, {formalities examination}, erfolgt beim → DPA und beim → EPA (dort → Eingangsprüfung und → Formalprüfung genannt) nach Einreichen einer → Anmeldung zur Feststellung formaler Mängel (z.B. es fehlen die Patentansprüche oder das Schriftbild entspricht nicht den Vorschriften) und auch offensichtlicher materiell rechtlicher Mängel (z.B. liegt keine → technische Lehre, sondern eine ästhetische Formschöpfung vor). Soweit die festgestellten Mängel aufgrund der → Offenbarung behebbar sind, wird hierzu vom Amt eine Frist gesetzt, andernfalls wird die Anmeldung bereits bei der Offensichtlichkeitsprüfung zurückgewiesen (→ Zurückweisung).

Office Action, {→ Prüfungsbescheid}

Official Gazette, {Patentblatt}, offizielles Veröffentlichungsorgan des → USPTO (→ Patentblätter)

Offizialmaxime, {examination by an office of its own motion, investigation ex officio}, oder Amtsermittlungsgrundsatz ist im Strafrecht immer gegeben; so wird ein Dieb – auch ohne → Antrag – immer von Staats wegen verfolgt. Im Patentrecht hat die Offizialmaxime nur bedingt Geltung, so z.B. im → Einspruchsverfahren, bei dem das → DPA oder das → EPA den → Einspruch auch dann fortsetzen können, wenn der → Einsprechende seinen Einspruch zurückgezogen hat. Anders bei der → Beschwerde: Wenn der → Beschwerdeführer seine Beschwerde zurückzieht, kann das → Bundespatentgericht oder die → Beschwerdekammer das Verfahren selbst dann nicht fortsetzen, wenn das → strittige Patent ganz offensichtlich ungültig ist.

opinion declaration, {eidesstattliche Meinungserklärung}, → declaration

P

papierner Stand der Technik, {dead-wood patents, paper patents}, ist die Bezeichnung für spekulative → Vorveröffentlichungen, deren Gegenstand tatsächlich nie realisiert worden ist. Dennoch wirkt er meist neuheitsschädlich (→ Neuheit), seltener aber schädlich bezüglich der → erfinderischen Tätigkeit. Er entsteht häufig durch Angabe chemischer Formeln. Oft wird ganz bewußt am Schreibtisch papierner Stand der Technik erzeugt (→ Schreibtischpatente), um Dritte am Anmelden des betreffenden → Erfindungsgegenstandes zu hindern, sollte er einmal realisiert werden.

Parallelanmeldung, {→ copending applications}, → korrespondierende Anmeldungen und Schutzrechte

Parallelimporte, {parallel imports}, sind Importe von Waren, die im schutzrechtsfreien Ausland mit Zustimmung eines inländischen Schutzrechtsinhabers (→ Patentinhaber) in Verkehr gebracht (→ Benutzungsarten) worden sind, und welche der Inhaber gleichwohl – z.B. aus Marktgründen – unterbinden will. Zwar liefern ihm hierfür die → gewerblichen Schutzrechte wegen des → Territorialitätsprinzips formal eine Handhabe, die aber innerhalb der Europäischen Wirtschaftsgemeinschaft (EWG) stumpf ist, weil hier der freie Warenverkehr zwischen den Mitgliedsländern Vorrang hat. Die Untersagung von Parallelimporten aufgrund eines → Patents ist aber möglich, wenn die Waren aus einem Nicht-EG-Land eingeführt werden sollen.

parent application, {→ Hauptanmeldung}, die → Stammanmeldung zu → continuation, → continuation-in-part und → divisional applications.

Patent, {letters patent, patent}, mit Gesetzeskraft gegen die gesamte Öffentlichkeit im nationalen Bereich (→ Territorialitätsprinzip) wirkendes → gewerbliches Schutzrecht, welches z.B. vom → DPA, → EPA, → JPO oder → USPTO auf → Antrag des → Anmelders erlassen wird und Dritten untersagt, von dem durch das → Patent geschützten Gegenstand (→ Erfindungsgegenstand, → Gegenstand des Patents) gewerblichen Gebrauch zu machen (→ Benutzungsarten, → Verbietungsrecht). Der Gegenstand des Patents ist im weitesten Sinne technisch-naturwissenschaftlicher Natur (→ Patentierungsverbote). Erfüllt eine → Anmeldung alle Voraussetzungen der → Patentfähigkeit, hat der → Anmelder ein Anrecht auf die → Patenterteilung. Gegenstände von → Gebrauchsmustern (nur → erfinderischer Schritt notwendig) oder von → Geschmacksmustern (ästhetischer, weniger technischer Charakter), die Topographien von elektronischen Halbleitern (hier existiert ein Spezialgesetz), die Pflanzensorten, die im → Sortenschutzgesetz (Spezialgesetz) aufgeführt sind, nach dem → Urherberrecht schützbare Werke (künstlerische Werke, Computerprogramme) oder → Warenzeichen (kein technischer Charakter, Neuheit keine Voraussetzung) sind dem Patentschutz nicht zugänglich. Eine gewisse Ausnahme machen die U.S.A.; dort gibt es sowohl → design patents als auch → plant patents.

patentability, {→ Patentfähigkeit}, → allowance, → materiality, → Notice of Allowance, → reexamination

Patentabteilung, {patent division}, organisatorische Einheit im → DPA, welche die → Prüfungsstellen umfaßt, welche u.a. für die → Prüfung und → Patenterteilung zuständig sind. Auf der Ebene der Patentabteilung werden außerdem alle Angelegenheiten behandelt, welche erteilte Patente betreffen, insbesondere die → Einsprüche. Über einen Einspruch muß von mindestens drei Mitgliedern einer Patentabteilung entschieden werden. Gegen ihre Beschlüsse kann → Beschwerde zum → Bundespatentgericht eingelegt werden. → Prüfungsabteilung, → Einspruchsabteilung

Patentabteilung, {patent department}, die innerbetriebliche organisatorische Einheit, welche vor allem für die → Anmeldung, den Erwerb und die Verteidigung der → gewerblichen Schutzrechte, für den Schutz des → Know-How und für die → Lizenzverträge einer Firma zuständig ist. Bildlich gesprochen ist es die Aufgabe einer Patentabteilung, mit Hilfe von technischem Wissen ein Bollwerk von Schutzrechten zu errichten, welches der Firma eine möglichst breite Monopolstellung am Markt verschafft. → Geheimhaltungsvereinbarungen, → Lizenzen

Patentamt, {patent office}, → DPA, → EPA, → JPO, → USPTO

Patentanmelder, {→ applicant}, → Anmelder

Patentanmeldung, {patent application}, → Anmeldung

Patentansprüche, {→ claims}, sind die maßgeblichen Rechtstitel des → Verbietungsrechts → Patent. Sie haben wegen ihrer Wirkung gegen die gesamte Öffentlichkeit (und nicht nur gegen spezielle Gruppen) den Charakter von Gesetzen und müssen dementsprechend sorgfältig und präzise formuliert werden (→ Anspruchsfassung). Sie müssen außerdem sowohl die zu schützende → technische Lehre als auch den Willen, was der → Patentinhaber unter Schutz gestellt sehen möchte, klar erkennen lassen. Deshalb sind auch Wendungen wie „...und gegebenfalls noch Zusatzstoffe" zu vermeiden, weil dies den Vorwurf der Undeutlichkeit nach sich ziehen kann. Die → Beschreibung hat hierbei lediglich eine Hilfsfunktion zur Interpretation und Stützung des Patentanspruchs, wenn dieser unklar ist (z.B. welche Prozentangaben sind gemeint? Mol- oder Gew.-%?), und zur Ermittlung des → Schutzbereichs oder → Schutzumfangs.

Patentansprüche werden üblicherweise klassifiziert nach Arten und nach → Kategorien:

1. Arten

1.1 Der → Hauptanspruch, {→ main claim}, oder Anspruch 1 gibt die Gesamtbreite des (angestrebten) Schutzes wieder wie z.B.: „1. Mischung, enthaltend ein Elastomer und einen UV-Stabilisator". Nur dieser wird in der Regel vom → DPA oder → EPA geprüft.

1.2 → Unteransprüche, {→ dependant claims}, betreffen bestimmte, meist bevorzugte Ausgestaltungen oder → Ausführungsformen innerhalb der Lehre des Hauptanspruchs. Um dies klar erkennbar zu machen empfiehlt sich die Abhängigkeitsformulierung: „2. Die Mischung nach Anspruch 1, enthaltend 0,001 bis 5 Gew.-% des UV-Stabilisators". Zwar ist auch eine unabhängige Formulierung zulässig, durch welche der tatsächliche Unteranspruchscharakter nicht berührt wird, indes wird sie sehr selten angewandt.

1.2.1. Richten sich diese Unteransprüche auf Ausgestaltungen oder Ausführungsformen, welche gegenüber der Lehre des Hauptanspruchs als erfinderisch anzusehen sind (→ erfinderische Tätigkeit), spricht man von „unechten" Unteransprüchen wie z.B.: „3. Die Mischung nach Anspruch 1, enthaltend einen mit dem Elastomeren verträglichen Thermoplasten". In den allermeisten Fällen aber handelt es sich um „echte" Unteransprüche ohne erfinderischen Überschuß gegenüber dem Hauptanspruch, auf den sie zurückbezogen sind. Sie werden zwar routinemäßig aufgestellt, sind aber zunächst patentrechtlich sinnlos; allerhöchstens bieten sie Rückzugsmöglichkeiten, wenn der Hauptanspruch präzisiert werden muß (→ Beschränkung).

1.2.2 Das → JPO und das japanische Patentrecht sind konsequente Gegner von Unteransprüchen: hier zählt in erster Näherung jeder Anspruch als eigene → Erfindung, für deren Anmeldung und Aufrechterhaltung Gebühren fällig werden. Vergißt man also die Unteransprüche aus der japanischen → Auslandsanmeldung zu streichen, kann dies sehr teuer werden!

1.2.3 Während das → DPA und das → EPA hinsichtlich des mehrfachen alternativen Rückbezugs von Unteransprüchen sehr liberal sind und Anspruchsfassungen wie: „4. Die Mischung nach einem der Ansprüche 1, 2 oder 3....."; „6. Die Mischung nach Anspruch 4 oder 5....."; zulassen, wird der Anspruch 4 als mehrfach abhängiger Anspruch {→ multiple dependant claim} vom → USPTO mit einer „Strafgebühr" von $ 200 belegt. Der multiple dependant claim 6, welcher sogar noch auf einen anderen multiple dependant claim, nämlich 4, zurückbezogen ist, ist von vornherein unzulässig. Man muß sich daher für die in U.S.A. einzureichende → Auslandsanmeldung noch einmal genau überlegen, welche Ausgestaltungen oder Ausführungsformen des Hauptanspruchs eigentlich wesentlich sind, um auch aus Kostengründen redundante oder völlig sinnlose Rückbezüge auszumerzen. Rückbezüge der Art: „4. Mischungen nach den Ansprüchen 1, 2 **und** 3.....", sind auch in → DE und → EP nicht zulässig.

1.2.4. Der Rückbezug zwischen Ansprüchen unterschiedlicher Kategorie (siehe. Ziffer 2) ist generell verboten, weil unsinnig: „1. Mischung, enthaltend....."; „2. Das Verfahren nach Anspruch 1, dadurch gekennzeichnet, daß man hierbei.....". Dagegen ist ein Rückbezug Form: „2. Verfahren zur Herstellung von C, dadurch gekennzeichnet, daß man die Mischung gemäß Anspruch 1 mit B umsetzt", technisch sinnvoll und daher auch zulässig.

1.3 → Nebenansprüche, {→ alternative independant claims}, sind ihrem Wesen nach unabhängige Hauptansprüche und gehören meist unterschiedlichen Kategorien (s. Ziffer 2) an. Nebenansprüche der gleichen Kategorie können zwar aus sprachlichen Gründen zweckmäßig sein: „1. Mischung, enthaltend ein Elastomer und einen UV-Stabilisator"; „2. Mischung, enthaltend einen Thermoplasten und einen UV-Stabilisator", sie lassen indes meist den Verdacht aufkommen, daß die → Anmeldung uneinheitlich ist (→ Einheitlichkeit). Um diesem Eindruck vorzubeugen, wäre hier wohl die Formulierung: „1. Mischung, enthaltend ein Elastomer und/oder einen Thermoplasten und einen UV-Stabilisator", vorzuziehen.

2. Kategorien sind

2.1 die → Sachansprüche {→ substance claims, → product claims}, welche sich auf Geräte, Vorrichtungen, → chemische Erzeugnisse, Anordnungen oder elektrische Schaltungen richten (z.B. die Mischung, die Vorrichtung zur Verarbeitung der Mischung, das Gerät oder die Anlage zur Herstellung der Mischung) (→ product-by process Ansprüche) und welche neben der betreffenden Sache zugleich all ihre Verwendungen mitschützen,

2.2 die → Verfahrensansprüche, {process claims}, welche sich auf die Herstellung einer Sache richten (→ Herstellungsverfahren; z.B. „2. Verfahren zur Herstellung von C, dadurch gekennzeichnet, daß man die Mischung gemäß Anspruch 1 mit B umsetzt") und welche das unmittelbare Verfahrensprodukt (C) – neuerdings auch in den U.S.A. – mitschützen,

2.3 die Verfahrensansprüche, {process claims}, welche sich auf → Arbeitsverfahren zum Erreichen eines bestimmten Arbeitsziels richten (z.B. „3. Verfahren zum Gefriertrocknen der Mischung gemäß Anspruch 1"); ein Arbeitsverfahren bringt kein neues Erzeugnis hervor und verändert die verarbeitete Sache nicht in ihrem Wesen; die betreffenden Verfahrensansprüche schützen deshalb das Verfahrensprodukt nicht,

und

2.4 die → Verwendungsansprüche, {→ use claims}, welche sich auf die Verwendung einer Sache oder eines Verfahrens für einen bestimmten Zweck richten (z.B. „7. Verwendung der Mischung gemäß Anspruch 1 für die Herstellung lichtbeständiger elastischer Formteile"); hierzu gehören auch die → Mittelansprüche als verkappte Verwendungsansprüche mit der (streitigen) rechtlichen Wirkung von Sachansprüchen; Verwendungsansprüche sind in den U.S.A (→ U.S.-Patentrecht) und in → Spanien nicht zulässig, hierauf ist bei → Auslandsanmeldungen zu achten.

2.5 Mehr Anspruchskategorien als diese vier gibt es nicht! Sie können zumindest teilweise ineinander überführt oder umgedeutet werden, z.B. den Verwendungsanspruch: „7. Verwendung der Mischung gemäß Anspruch 1 für die Herstellung lichtbeständiger elastomerer Formteile", in den Verfahrensanspruch: „8. Verfahren zur Herstellung lichtbeständiger elastomerer Formteile, dadurch gekennzeichnet, daß man hierzu eine Mischung gemäß Anspruch 1, verwendet". Auch Verfahrensansprüche können u.U. in Sachansprüche (→ product-by-process Anspruch) überführt werden. Weil indes die Kategorien unterschiedliche rechtliche Wirkung haben, empfiehlt es sich, stets Ansprüche sämtlicher möglicher Kategorien aufzustellen.

Patentanwalt, {patent attorney}, ist der in → DE geschützte Titel für den freiberuflichen Rechtsberater (kein Gewerbetreibender) für alle Angelegenheiten des → gewerblichen Rechtsschutzes außer → Urheberrecht mit abgeschlossener technischer oder naturwissenschaftlicher (Fach)Hochschulausbildung und anschließender dreijähriger juristischer Fachausbildung bei einem Patentanwalt und beim → DPA gefolgt von einem Staatsexamen (deutsche Patentanwaltsprüfung).

Patentassessor, {-}, ist der in → DE geschützte Titel für einen → Patentanwalt im Angestelltenverhältnis. Im allgemeinen hat er einen etwas anderen Werdegang hinter sich als der Patentanwalt: Ablegen der deutschen Patentanwaltsprüfung nach zehnjähriger Tätigkeit in einer Patentabteilung der Industrie; diese Wartezeit verkürzt sich auf acht Jahre, wenn der Prüfling die Zulassungsprüfung als → europäischer Patentvertreter (→ European Patent Attorney) bestanden hat.

Patentblätter, {→ Official Gazettes, – Journals}, sind die offiziellen Veröffentlichungsorgane der → Patentämter, worin sämtliche für → Anmeldungen und → Patente vorgeschriebenen Angaben und deren Änderungen veröffentlicht werden, z.B. in den U.S.A. die → Official Gazette. → Erfinderbenennung, → Patentinhaber, → Patentschrift

Patenterteilung, {→ grant of patent}, oder die → Erteilung; wird vom → Prüfer beschlossen, wenn die → Anmeldung alle Voraussetzungen der → Patentfähigkeit erfüllt. → Notice of Allowance

Patentfähigkeit. {→ patentability}, patentfähig sind alle → Erfindungen, welche nicht unter ein → Patentierungsverbot fallen und welche die Voraussetzungen → Neuheit, → erfinderische Tätigkeit und → gewerbliche Anwendbarkeit erfüllen. Außerdem müssen noch die → Ausführbarkeit (→ Offenbarung) und die → Einheitlichkeit gegeben sein. Darüber hinaus sind noch weitere formale Bedingungen zu erfüllen. Umgekehrt hat ein → Anmelder, dessen → Anmeldung alle Voraussetzungen erfüllt, einen Rechtsanspruch (→ Anspruch) auf die → Erteilung eines → Patents.

Achtung: Der → technische Fortschritt ist keine Voraussetzung für die Patentfähigkeit mehr, er ist aber z.B. als → besonderer unerwarteter technischer Effekt ein Beweisanzeichen für das Vorliegen der erfinderischen Tätigkeit.

Patentfamilie, {patent family}, → Auslandsanmeldungen, → korrespondierende Anmeldungen und Schutzrechte

Patentgegenstand, {subject matter of the patent}, → Gegenstand des Patents

Patentierungsverbote, {exceptions to patentability, non-patentable inventions}, bestehen für Entdeckungen (z.B. gestern habe ich eine neue Pflanze entdeckt), wissenschaftliche Theorien (z.B. die Relativitätstheorie), mathematische Methoden (z.B. die Integration), ästhetische Formschöpfungen (z.B. eine Skulptur), Pläne, Regeln oder Verfahren für gedankliche Tätigkeiten, Spiele und geschäftliche Tätigkeiten (z.B. die Skatregeln), Computerprogramme als solche (z.B. MS-DOS) sowie die Wiedergabe von Informationen (z.B. die Form von Tabellen und Formularen), weil sie als nicht technisch angesehen werden. Dagegen können die betreffenden Sachen (z.B. die neue Pflanze, das neue Spiel, der Computer mit dem neuen Programm) oder die betreffende Tätigkeit (Verfahren zur Wiedergabe von Informationen) durchaus patentfähig sein (→ Patentfähigkeit).

Weitere Patentierungsverbote existieren für

– → Erfindungen, welche an und für sich patentfähig wären, welche aber gegen die öffentliche Ordnung oder die guten Sitten verstoßen (z.b. eine „verbesserte" Foltermethode) –

– Pflanzensorten (→ Pflanzen), welche im Sortenschutzgesetz (→ Sortenschutz) aufgeführt sind, und Tierarten –

– im wesentliche biologische Verfahren wie Selektion und Kreuzung zur Züchtung von Pflanzen und Tieren (→ Ausführbarkeit, → Wiederholbarkeit) –

– Verfahren zur chirurgischen und therapeutischen Behandlung des menschlichen und tierischen Körpers (z.b. „Verfahren zum Entfernen des Blinddarms") wegen fehlender → gewerblicher Anwendbarkeit. Anders in den U.S.A. – dort wäre ein solches Verfahren patentierbar (→ U.S.-Patentrecht).

Patentinhaber, {patentee}, ist derjenige, welcher als Inhaber beim → Patentamt (→ Patentblätter) eingetragen ist, nicht unbedingt derjenige, welcher auf der → Patentschrift als Inhaber genannt worden ist. Der Patentinhaber ist alleine befugt, den → Gegenstand seines Patents zu benutzen, allen anderen kann er dies verbieten (→ Verbietungsrecht, → Lizenz).

Patentklassifikation (internationale), {International classification of patents}, Einteilung der gesamten Naturwissenschaft und Technik in Klassen zum Zwecke der Dokumentation und → Recherche sowie der Organisationsstrukturen der → Patentämter (z.B. Klasse C 07 – niedermolekulare organische Chemie, C 08 – Polymerchemie). Das → USPTO benutzt noch ein eigenes Klassifikationssystem.

Patentlage, {patent situation}, ist ein rechtliches Gutachten über die Schutzrechtslage von neuen Produkten, Anlagen oder Verfahren. Hierin geht es vor allem um die Frage: „Darf das neue Produkt hergestellt und verkauft oder die neue Anlage oder das neue Verfahren betrieben werden oder werden dabei → Patente Dritter verletzt (→ abhängiges Patent, → Verbietungsrecht, → Verletzung)?". Die Patentlage ist ein wichtiges Instrument für Investitionsentscheidungen; so kann es für ein Produkt das Aus bedeuten, wenn an einen firmenfremden → Patentinhaber noch → Lizenzgebühren zu zahlen sind, welche das Produkt wirtschaftlich nicht mehr zu tragen vermag. Eine Patentlage sollte deshalb möglichst frühzeitig vorbereitet und nach ihrer Erstellung auch immer wieder aktualisiert werden, weil sich die Schutzrechtslage z.B. durch → Widerruf oder → Erteilung von Patenten, insbesondere in den U.S.A. (→ Date of Patent, → issue, → Laufzeit, → U.S.-Patentrecht), über Nacht zugunsten oder zu ungunsten des Investors verändern kann (→ Vorbenutzungsrecht).

Für die Erstellung einer Patentlage ist es notwendig, den Gegenstand des Gutachtens in all seinen Details festzulegen: Es ist praktisch unmöglich die Frage: „Sind Mischungen aus Elastomeren und UV-Stabilisatoren patentfrei?" zu beantworten, weil man guten Gewissens nur sagen kann: „Das kommt ganz darauf an!" Stattdessen muß die Fragestellung durch die exakte Angabe des Elastomeren (z.b. „1,2-Polybutadien eines zahlenmittleren Molgewichts von 15000"), des UV-Stabilisators und der Mengenverhältnisse präzisiert werden. Erst nach dieser Präzisierung kann die Rechtslage der Mischung in Bezug auf den → Stand der Technik beurteilt werden. Zu diesem Zweck sind umfangreiche Recherchen durchzuführen, welche wenn irgendmöglich den gesamten relevanten Stand der Technik zutage fördern müssen. Nach der Selektion der zutreffenden → Entgegenhaltungen ist deren → Rechtstand zu ermitteln, in der Hoffnung, das am meisten störende Patent werde inzwischen erloschen sein. Unangenehm sind → Offenlegungsschriften, weil hier nicht abzusehen ist, wann und in welchem Umfang hierauf ein Patent erteilt werden wird, sie sind deshalb zu überwachen. In den U.S.A. muß man mit der Unsicherheit leben, daß beim → USPTO eine bis zum → Date of Patent geheime → application liegt, welche u.U. genau die in Rede stehende Mischung schützt. Hinzu kommt noch, daß in den U.S.A. kein → Vorbenutzungsrecht existiert (→ intervening right, → reissue, → U.S.Patentrecht).

Patentschrift, {patent specification}, wird nach der → Erteilung des → Patents herausgegeben (vgl. → Offenlegungsschrift). Nicht ihr Veröffentlichungstag, sondern der Tag der Veröffentlichung des Erteilungsbeschlusses (→ DE) oder der Tag der Bekanntmachung des Hinweises auf Erteilung (→ EP) in den → Patentblättern ist der Zeitpunkt, an dem die gesetzliche → Wirkung des Patents eintritt. In den U.S.A. ist dies der → Date of Patent (→ grant of patent, → issue), welcher auf den Deckblättern der U.S.-Patentschriften rechts oben angegeben ist.

Patentstreitkammern, {-}, für Patentstreitsachen (→ Verletzung, → Verletzungsprozeß) sind in → DE wegen der erforderlichen besonderen Sachkenntnis nur bestimmte Landgerichte zugelassen, nämlich Berlin, Braunschweig, Düsseldorf, Frankfurt, Hamburg, Mannheim, München I, Nürnberg-Fürth und Saarbrücken. Die → Berufung gegen Beschlüsse der Patentstreitkammern ergeht an das zuständige Oberlandesgericht, die → Revision zum → BGH.

Patentverletzung, {infringement of a patent}, → Verletzung

PCT, {Vertrag über die internationale Zusammenarbeit auf dem Gebiet des Patentwesens}, Abk. für Patent Cooperation Treaty, ist ein internationales Übereinkommen, in etwa vergleichbar mit dem → EPÜ, zur → Anmeldung aber nicht zur endgültigen → Prüfung und → Erteilung von → Patenten. Nach der Anmeldung bei einem → Anmeldeamt erfolgt die Zuweisung der → internationalen Patentanmeldung an die PCT-Vertragsstaaten, welche im Antrag bestimmt worden sind (→ Bestimmungsämter). Wird ein Antrag auf die → internationale vorläufige Prüfung gestellt, wird die internationale Patentanmeldung den → ausgewählten Ämtern der Staaten, welche eine solche Prüfung anerkennen, zugeleitet. Für eine internationale Patentanmeldung wird obligatorisch ein → internationaler Recherchenbericht (→ Neuheitsrecherche) von der → internationalen Recherchenbehörde (z.B. dem → EPA) erstellt. Dies alles spielt sich in der → internationalen Phase ab, in der die internationale Patentanmeldung vom → Internationalen Büro bei der → WIPO in Genf betreut wird. Zu den Vorteilen des PCT siehe bei der → internationalen Patentanmeldung.

Pflanzen, {plants}, und Pflanzensorten sind in → DE patentfähig, wenn sie nicht unter das Spezialgesetz des → Sortenschutzes fallen. Auch in den U.S.A. werden Patente auf Pflanzen und Pflanzensorten erteilt (→ plant patents). In → EP dagegen sind die Pflanzensorten von der Patentierbarkeit ausgenommen, weil sich die → Vertragsstaaten des → EPÜ nicht auf eine einheitliche Regelung des Sortenschutzes einigen konnten. → Patentfähigkeit, → Patentierungsverbot

photographische Neuheit, {photographic novelty}, → Neuheit

Pionierpatent, {pioneering patent}, ist der Traum eines jeden → Erfinders. Es weist eine überragende → Erfindungshöhe auf, weswegen ihm auch ein größerer → Schutzbereich zuzubilligen ist als einem „normalen" Patent.

plant patent, {Pflanzenpatent}, → Pflanzen, → Patentierungsverbote

presumption of validity, {Unterstellung der Rechtsgültigkeit}, → invalidity, → materiality, → reexamination

prima facie, {prima facie}, lateinisch für „durch ein erstklassiges Antlitz", in der juristischen Bedeutung: „auf den ersten Anschein".

prima facie case of obviousness, {augenscheinliches Naheliegen}, kann der → Examiner aufzeigen, daß ein → skilled artisan durch die → prior art dazu motiviert wird (→ Motivation), zwei → Entgegenhaltungen miteinander zu kombinieren oder abzuwandeln, um dadurch unmittelbar die beanspruchte → invention zu erhalten, liegt ein prima facie case of obviousness vor (z.B. soll die Erfindung in der Verwendung von Aceton als Lösungsmittel für Lacke liegen; Entgegenhaltung 1 lehrt, daß Ester gute Lösungsmittel für Lacke sind; Entgegenhaltung 2 lehrt, daß Ketone Ester in zahlreichen Anwendungen mit Erfolg ersetzen können). Hierdurch wird dem → applicant eine schwere

Beweislast aufgebürdet: er muß nun glaubhaft machen, daß doch eine → invention vorliegt, z.b. durch eine → declaration mit zusätzlichen → Beispielen und → Vergleichsversuchen, welche unexpected superior results, sprich einen → besonderen unerwarteten technischen Effekt aufzeigen.

prior art, {→ Stand der Technik}, → citations, → Entgegenhaltungen, → references

Priorität, {priority}, ist das Datum der ersten Hinterlegung oder → Anmeldung eines → gewerblichen Schutzrechts, z.b. einer Patent- oder Gebrauchsmusteranmeldung (→ Anmeldung, → Gebrauchsmuster), in einem beliebigen Verbandsland der → PVÜ. Dieses Datum, der → Prioritätstag, ist dann in allen anderen Verbandsländern maßgebend für den Rechtsrang und für den → Stand der Technik, welcher der Anmeldung überhaupt entgegengehalten werden kann (→ Entgegenhaltungen, → ältere Anmeldung). Dies ist aber nur dann der Fall, wenn die auf die ursprüngliche Anmeldung zurückgehenden Nachanmeldungen oder → Auslandsanmeldungen innerhalb der → Prioritätsfrist (→ Prioritätsjahr) getätigt werden; diese → Frist ist unverlängerbar. Zur → inneren Priorität siehe unter → Laufzeit.

Die Priorität gilt nur für die gleiche → Erfindung; nachträglich vorgenommene Änderungen oder Erweiterungen der ursprünglichen Erfindung bei der Erstellung der → Auslandsanmeldungen sind zwar zulässig, sie werden allerdings von der Priorität nicht mehr erfaßt.

Prioritätsfrist, {period for claiming the right of priority}, innerhalb eines Jahres (→ Prioritätsjahr) kann nur die → Priorität einer Patent- oder Gebrauchsmusteranmeldung (→ Anmeldung, → Gebrauchsmuster) in Anspruch genommen werden; für → Geschmacksmuster und → Warenzeichen verkürzt sich die Prioritätsfrist auf 6 Monate. Diese → Fristen können nicht verlängert werden.

Prioritätsjahr, {period for claiming the right of priority}, → Prioritätsfrist

Prioritätstag, {priority date}, → Priorität, → Prioritätsfrist

process claim, {→ Verfahrensanspruch}, → Patentansprüche

product-by-process-Patentanspruch, {product-by-process claim}, ist die Definition einer Sache, meist eines → chemischen Erzeugnisses, durch sein Herstellverfahren (z.B. Mischung, erhältlich (herstellbar) durch Vermischen eines Elastomeren mit einem UV-Stabilisator). Diese Art des Sachanpruchs wurde erstmals in den U.S.A. gewährt. Er ist immer dann angebracht, wenn der neue Stoff sich schlecht über seine Struktur definieren läßt (z.B. Glas als amorpher Stoff). Der → Schutzbereich ist nicht gleichbedeutend mit dem Schutz des unmittelbaren Erzeugnisses beim Herstellverfahrensanspruch (→ Herstellungsverfahren), sondern es ist der neue Stoff unabhängig von seiner Herstellweise geschützt. Allerdings wird der → Schutzbereich eines product-by-process-Anspruchs sehr eng gezogen; nur identische Stoffe werden von ihm umfaßt, wobei sich in der Praxis im Grunde immer Unterschiede aufzeigen lassen.

product claim, {→ Sachanspruch}, → Patentansprüche, → product-by-process-Anspruch, → Stoffschutz, → substance claim

Prüfer, {→ Examiner}, Mitglied des → DPA, → EPA, → JPO oder des → USPTO. Beim → DPA repräsentiert ein Prüfer die → Prüfungsstelle, drei repräsentieren die → Patentabteilung. Beim → EPA bilden drei Prüfer die → Prüfungsabteilung oder auch die → Einspruchsabteilung, welche über die → Patenterteilung oder den → Einspruch entscheiden. → Prüfung

Prüfung, {→ Examination}, ist das Verfahren bei den → Patentämtern, bei dem über die formale und materielle → Patentfähigkeit der → Erfindung oder der → Anmeldung, befunden wird. Die Prüfung erfolgt in der Regel im Dialog mit dem → Prüfer oder → Examiner, dessen → Prüfungsbescheide oder → Office Actions, umfassend beantwortet werden müssen (→ amendment, → Eingabe, → response, → Schriftsatz). Beim → DPA ist die Prüfung unterteilt in die → Offensichtlichkeitsprüfung und die „eigentliche" Prüfung, beim → EPA in die → Eingangsprüfung, die → Formalprüfung und die Prüfung auf → Patentfähigkeit.

Prüfungsabteilung, {Examining Division}, → Prüfer

Prüfungsbescheid, {→ Office Action}, ist ein schriftlicher Bescheid eines → Patentamts, worin der → Prüfer dem → Anmelder die formalen (z.B. ein falsches Papierformat oder die fehlende → Zusammenfassung) und materiellen Mängel (z.B. fehlende → Neuheit) seiner → Anmeldung aufzeigt. Diese Mängel müssen innerhalb einer gewissen verlängerbaren → Frist im Rahmen einer → Eingabe (→ response) behoben werden (→ amendment), oder es müssen die betreffenden Einwände (→ objections) der Prüfer widerlegt werden, ansonsten erfolgt die → Zurückweisung (→ rejection) der Anmeldung.

Prüfungsstelle, {-}, → Prüfer

PVÜ, {Paris Convention for the Protection of Industrial Property}, Abk. für Pariser Verbandsübereinkunft, ein internationales Abkommen zum → gewerblichen Rechtschutz, welches mehrfach revidiert seit 1883 existiert. Hierin werden die internationalen Beziehungen der Vertragsstaaten (fast alle Länder der Erde) insbesondere hinsichtlich der rechtlichen Gleichstellung von in- und ausländischen → Anmeldern und der → Priorität geregelt. Kurz gesagt, ermöglicht die PVÜ → Auslandsanmeldungen unter Wahrung der ursprünglichen

Priorität innerhalb der → Prioritätsfrist. Zuständig für die Verwaltungsaufgaben, welche die PVÜ betreffen, ist die → WIPO.

R

Recherche, {search}, → Neuheitsrecherche, → Patentlage

Recht an dem Patent, {right to a patent}, haben der → Patentinhaber, dessen Erben oder dessen Rechtsnachfolger, d.h. das Recht kann einem anderen Inhaber übertragen oder verkauft werden.

Recht auf das Patent, {right to the grant of a patent}, hat der → Erfinder oder sein Rechtsnachfolger, z.B. sein Erbe oder der → Anmelder. Es kann auch auf zukünftige Erfindungen übertragen werden. Der häufigste Fall ist die Abtretung einer → Diensterfindung an den Arbeitgeber (→ Arbeitnehmererfinderrecht).

Rechte aus dem Patent, {rights conferred by a patent}, sind das → Verbietungsrecht bzw. das Einräumen positiver Benutzungsrechte (→ Lizenz). Diese Rechte hat derjenige inne, welcher beim → Patentamt als → Patentinhaber eingetragen ist.

rechtliches Gehör, {right of audience}, ein Grundrecht aus der Verfassung, das weder dem → Anmelder noch dem → Einsprechenden noch einer Prozeßpartei bei schriftlichem (→ Eingabe) oder mündlichem Vorbringen (→ Anhörung, → mündliche Verhandlung) versagt werden darf. Allerdings ist auch kein Mißbrauch dieses Rechts, z.B. durch nicht sachgerechtes Vorbringen, statthaft.

Rechtsbeschwerde, {appeal on point of law}, richtet sich in → DE an den → BGH gegen Beschlüsse des → Bundespatentgerichts in Beschwerdefällen (→ Beschwerde). Die Rechtsbeschwerde muß vom Bundespatentgericht zugelassen werden. Dies ist in der Regel nur dann der Fall, wenn über eine wichtige Rechtsfrage, zu der unterschiedliche Urteile ergangen sind, abschließend geurteilt werden soll, damit die Einheitlichkeit der Rechtssprechung wieder hergestellt wird. Der Zulassung bedarf es nicht, wenn das Bundespatentgericht schwerwiegende formale oder Rechtsfehler gemacht hat (z.B. Versagen des → rechtlichen Gehörs). → Revision

Rechtskraft, {legal force}, tritt nach Ablauf einer Rechtsmittelfrist ein (→ Frist), wenn niemand das → Rechtsmittel eingelegt hat. Ist z.B. die → Einspruchsfrist abgelaufen, ohne daß → Einspruch erhoben wurde, ist das →

Patent rechtskräftig erteilt, ebenso nach dem Ablauf der Beschwerdefrist, wenn z.b. der → Einsprechende keine → Beschwerde gegen die → Aufrechterhaltung des Patents erhoben hat. Das gleiche gilt mutatis mutandis für den → Widerruf eines Patents, wenn der → Patentinhaber keine Beschwerde gegen den Widerrufsbeschluß einlegt.

Rechtsmittel, {legal remedies}, sind rechtliche Werkzeuge zur Anfechtung von Verfügungen, Entscheidungen, Beschlüssen und Urteilen mit dem Ziel, deren ungünstige Folgen nicht eintreten zu lassen. Die Rechtsmittel sind immer fristgebunden (→ Frist) und speziell an die Art des Falles angepaßt: z.b. → Einspruch gegen die → Patenterteilung, → Beschwerde gegen die Beschlüsse des → DPA, die → Berufung zum Oberlandesgericht, die → Rechtsbeschwerde zum → BGH.

Rechtsstand, {legal status}, oder auch der Verfahrensstand eines → gewerblichen Schutzrechts ist ausschlaggebend für dessen → Wirkung und muß insbesondere im Zusammenhang mit einer → Patentlage ermittelt werden. Betrifft z.b. die → technische Lehre einer → Offenlegungsschrift der Konkurrenz direkt das eigene Arbeitsgebiet und steht zu befürchten, daß hierauf ein → Patent erteilt werden wird, dann muß der Rechtsstand der Offenlegungsschrift kontinuierlich überwacht werden, damit man nach der → Erteilung gegen das Patent fristgerecht (→ Fristen) → Einspruch erheben kann. Die Überwachung des Rechtsstandes sollte auch stets von einer → Akteneinsicht begleitet sein. So ist es oft sehr nützlich frühzeitig zu erfahren, welche → Entgegenhaltungen der → Prüfer im ersten Prüfungsbescheid (→ Prüfung) herangezogen hat. Andererseits ist es auch möglich, daß eine besonders störende Offenlegungsschrift oder ein besonders relevantes Patent der Konkurrenz z.b. wegen Nichtzahlen der → Jahresgebühren erloschen (→ Erlöschen) ist und daher für eine Patentlage unerheblich, weil wirkungslos, geworden ist. Die Überwachung des Rechtstandes störender Schutzrechte muß mit großer Sorgfalt durchgeführt werden; man kann sich in einem → Verletzungsprozeß z.b. nicht damit herausreden, man habe geglaubt, die Offenlegungsschrift sei – statt erteilt zu werden – längst erloschen.

Der Rechtstand von Schutzrechten kann direkt bei den → Patentämtern per Computer abgefragt werden. Rechtsstandsänderungen werden auch in den → Patentblättern veröffentlicht.

reexamination, {wiederholte Prüfung}, erteilter U.S.-Patente (→ Date of Patent, → Patent) durch das → USPTO entspricht in etwa unserem → Einspruch, ist aber im Vergleich dazu erheblich seltener (ca. 800 reexaminations auf ca. 80 000 veröffentlichte Patente pro Jahr), teurer (derzeit etwa $ 2000

Antragsgebühr), nicht an eine → Einspruchsfrist gebunden und, was die Gelegenheiten zum Austausch von Argumenten betrifft, restriktiver.

Die reexamination kann jedermann, also auch der → Patentinhaber, aufgrund von neuen druckschriftlichen → citations oder → references beantragen. Hiernach prüft der → Examiner, ob diese neuen Entgegenhaltungen die Voraussetzung der → materiality haben, d.h. ernsthafte Bedenken an der → patentability aufwerfen. Ist dies nicht der Fall, ist die reexamination auch schon beendet. Wird das Verfahren fortgesetzt, hat der Antragsteller nur noch einmal die Gelegenheit für eine → Eingabe.

Die reexamination läuft in gewisser Weise dem amerikanischen Rechtsempfinden zuwider: die vom USPTO erteilten Patente werden grundsätzlich als gültig angesehen (→ presumption of validity); demnach steht es eigentlich nur einem ordentlichen Gericht und nicht dem USPTO zu, ein einmal erteiltes Patent zu widerrufen (→ invalidity).

reference, {→ Entgegenhaltung}

reissue, {wiederholte Neuanmeldung}, eines erteilten U.S.-Patents (→ Date of Patent, → Erteilung, → Patent) durch das → USPTO kann nur vom → Patentinhaber beantragt werden. Reissue stellt gewissermaßen eine Steigerung des → certificate of correction dar und dient der Korrektur von Fehlern, welche ohne Täuschungsabsicht in der Beschreibung, in den Zeichnungen, in den Ansprüchen und in der Breite der Ansprüche (→ scope) gemacht wurden und welche die → validity und die Durchsetzbarkeit des erteilten → Patents beeinträchtigen. Allerdings können Kapitalfehler wie → mangelhafte Offenbarung, Verstoß gegen das → best mode requirement, → fraud, → inequitable conduct und → anticipation nicht mehr durch reissue geheilt werden.

Aber immerhin ist es möglich, innerhalb von zwei Jahren nach dem → Date of Patent einen zu engen → claim wie z.B.: „1. A process for preparing a coating comprising the step of dissolving polymers in acetone" zu erweitern zu: „1. A process for preparing a coating comprising the step of dissolving polymers in ketones", wenn dies das Patent hergibt. Hat indes jemand in der Zwischenzeit im Vertrauen auf die → validity des Patents in der erteilten Fassung ein Verfahren zur Lackherstellung in Betrieb genommen, bei dem nicht Aceton sondern Methylethylketon verwendet wird, dann hat er in den U.S.A. aus Gründen der Billigkeit ein → intervening right (to continued use), d.h. eine Art → Weiter- oder → Zwischenbenutzungsrecht.

Die → Beschränkung eines claims ist auch nach der genannten Zweijahresfrist möglich, z.B. im umgekehrten Fall bei der Beschränkung von „ketones" auf „acetone".

rejection, {→ Zurückweisung}, eines → claims oder der → specification einer → application erfolgt aufgrund formaler Mängel oder weil die Voraussetzung der → patentability nicht erfüllt sind:
– rejection under 35 U.S.C. 103 = → obviousness of the claimed → invention -
– rejection under 35 U.S.C. 102 a), b), d) oder e) = → anticipation of the claimed invention -
– rejection under 35 U.S.C. 112 = → claims are vague and indefinite .

Sehr kritisch ist die rejection der → specification under 35 U.S.C. 112 (vague and indefinite), denn sie geht auf einen schwerwiegenden → Offenbarungsmangel zurück, welcher ohne → introduction of new matter gar nicht mehr zu beheben ist. Steht z.B. in der specification: „The present invention provides a novel improved mixture comprising an elastomer and a UV-stabilizer as the two essential components. The elastomer can also be substituted by a thermoplastic polymer", dürfte es schwer sein, den wahren Kern der → invention noch einmal ohne Verlust der → Priorität herauszuarbeiten. In solchen Fällen hilft oft nur noch die → Anmeldung einer → continuation-in-part application, welche mit einem teilweisen Verlust der ursprünglichen Priorität verbunden ist.

response, {Erwiderung}, by → applicant ist die → Eingabe in Erwiderung einer → Office Action des → Examiner des → USPTO.

restriction, {→ Beschränkung}, verlangt das → USPTO vom → applicant bei der → Examination einer → application, wenn diese nach Ansicht des → Examiner mehr als eine → invention enthalten und daher uneinheitlich (→ Einheitlichkeit) sein soll, wie etwa eine application, deren → claims z. B. „1. A mixture comprising an elastomer and a UV-stabilizer" und „2. A coated article for use in automobiles comprising a coating consisting essentially of an elastomer and a UV-stabilizer" lauten. Häufig bleibt dem applicant nichts anderes übrig, als die application zu tcilen, sprich eine → divisional application einzureichen, welche sich auf die → subject matter of the invention gemäß claim 2 richtet . Dies sollte indes den applicant nicht davon abhalten, möglichst viel Stoff in eine → Auslandsanmeldung für die U.S.A. reinzupacken, mit der Absicht ein → restriction requirement zu provozieren. Der Examiner kann nämlich die aufgrund seines eigenen requirement eingereichten divisional applications nicht mehr wegen double patenting zurückweisen (→ double patenting rejection).

restriction requirement, {Aufforderung zur Beschränkung}, → restriction

Revision, {revision, review}, gemäß dem allgemeinen Zivilprozeßrecht entspricht in etwa der → Rechtsbeschwerde, hat aber eine etwas allgemeinere Bedeutung.

Rückbezug, {referring back to}, → Patentansprüche

S

Sachanspruch, {→ product –, → substance claim}, → Patentansprüche

Sachverständiger, {technical expert}, oder der technische Sachverständige, meist der → Erfinder selbst, kann als Beistand des → Patentanwalts, → des Patentassessors, des → europäischen Patentvertreters oder eines sonstigen Bevollmächtigten z.B. im Rahmen eines Einspruchs- oder → Beschwerdefalls (→ Einspruch, → Beschwerde) an den → mündlichen Verhandlungen vor den → Einspruchsabteilungen oder den → Beschwerdekammern des → EPA oder vor dem → Bundespatentgericht teilnehmen und dort unter „Aufsicht" des Bevollmächtigten gutachtliche Aussagen machen. Die Einspruchsabteilung, die Beschwerdekammer oder das Gericht können ihn auch zur Stellungnahme zu bestimmten naturwissenschaftlich-technischen Sachverhalten auffordern.

Schiedsstelle, {agency of arbitration}, ist beim → DPA eingerichtet worden, um arbeitnehmererfinderrechtliche Streitigkeiten zwischen dem Arbeitnehmererfinder oder → Diensterfinder und seinem Arbeitgeber zu schlichten. Meistens geht es hierbei um die Höhe der → Erfindervergütung.

„Schreibtischpatente", {dead-wood patents, paper patents}, oder „Trockenpatente" nennt man etwas abwertend die sogenannten Ideenerfindungen, welche buchstäblich nur am Schreibtisch aufgrund einer Idee und nicht im Labor oder Betrieb entstehen. Das Erfinden „am Schreibtisch" ist völlig legal und auch nützlich, wenn glaubhaft gemacht werden kann, daß die → Erfindung auch ausführbar ist (→ Ausführbarkeit). Es hat vor allem den Zweck, → Stand der Technik zu schaffen, um so Dritte am Anmelden des gleichen Gegenstandes zu hindern. Allerdings ist es, insbesondere in der Chemie, welche im Vergleich zur Mechanik als schwer vorhersagbar gilt, ein zweischneidiges Instrument: stellt sich später der harte Kern der Erfindung heraus, kann der selbst geschaffenene → papierne Stand der Technik dem Erwerb eines wirksamen → Patents entgegenstehen.

Schriftsatz, {brief}, ist der wesentliche Teil einer → Eingabe an ein → Patentamt oder ein Gericht. Im Schriftsatz werden alle eigenen Argumente, Einwände, Abhilfevorschläge und vor allem die → Anträge tunlichst vollständig dargestellt und begründet. → amendment, → response

Schutzbereich, {extent of –, range of protection; → scope of patent, – of claim}, entspricht mindestens dem Wortlaut des Patentanspruchs, dem unmittelbaren → Gegenstand des Patents. Bei dem Anspruch: „1. Reinigungsmittel, enthaltend Isopropanol", wäre der Schutzbereich zunächst auf isopropanolhaltige Reiniger beschränkt. Dieser Bereich ist jedoch nach überwiegender Ansicht zu eng gezogen. Man geht deshalb davon aus, daß der Schutzbreich eines Anspruchs durch seinen Sachgehalt bestimmt wird. Hierunter ist der unmittelbare Wortlaut (Gegenstand) plus die technisch gleichwirkenden oder äquivalenten Ausführungsformen, die → Äquivalenzen, zu verstehen. Im Kontext unseres Beispiels bedeutet dies, daß auch Reiniger, welche Methanol, Ethanol, Propanol oder Butanol enthalten, in den Schutzbreich des Anspruchs fallen, weil diese Alkohole technisch gleichwirkend mit Isopropanol sind. Die → Beschreibung kann zur Ermittlung des Schutzbereichs herangezogen werden, indes sollte man sich hierauf nicht verlassen, denn maßgebend bleiben die Ansprüche. So hätte man bei unserem Beispiel besser gleich ein Reinigungsmittel, enthaltend C_1- bis C_4-Alkohole, beansprucht.

Der Schutzbereich wird selbstverständlich durch den → Stand der Technik (was bekannt ist, kann nicht noch einmal geschützt werden), durch → Verzicht (→ Beschränkung, → file wrapper estoppel) sowie durch Anmelderwillen begrenzt.

Schutzrechte, {property rights}, → gewerbliche Schutzrechte

Schutzumfang, {→ scope of claim, – of patent}, → Schutzbereich

Schweden, {Sweden}, Abk. → SE

Schweiz, {Switzerland}, Abk. → CH, → CH/LI

scope (of claim, of patent), {→ Schutzumfang, Tragweite}, → Schutzbereich

SE, Abk. für → Schweden, → Vertragsstaat des → EPÜ

secrecy agreements, {→ Geheimhaltungsvereinbarungen}

skilled artisan, {→ Durchschnittsfachmann}

Spanien, {Spain}, Abk. → ES

specification, {→ Beschreibung}

Sortenschutz, {protection of plant varieties}, für Pflanzen ergibt sich aus dem Sortenschutzgesetz. Nach diesem Spezialgesetz sind Pflanzenzüchtungen schutzfähig, soweit sie unter das Artenverzeichnis des Gesetzes fallen. Für Pflanzensorten, die nicht im Artenverzeichnis aufgeführt sind, ist Patentschutz möglich (→ Patentierungsverbote, → plant patents, → Pflanzen). Der Sortenschutz schützt nicht die Pflanzen als solche, sondern nur deren Vermehrungsgut wie Samen und Setzlinge.

Stammanmeldung, {→ parent application}, oder → Hauptanmeldung ist

(i) die prioritätsbegründende → Anmeldung (→ Priorität) einer Gruppe von → äquivalenten oder → korrespondierenden Anmeldungen und Schutzrechten (→ Auslandsanmeldung),

(ii) die Anmeldung, von der Teile abgeteilt und neu angemeldet worden sind (→ Ausscheidung, → divisional application), oder

(iii) die Anmeldung, für die beim → USPTO ein Weiterbehandlungsantrag (→ continuation application) oder ein Teilweiterbehandlungsantrag (→ continuation-in-part application) gestellt worden ist.

Stand der Technik, {→ prior art}, ist die Gesamtheit all dessen, was vor dem → Prioritätstag einer → Anmeldung bekannt war und wovon sich der Gegenstand der Anmeldung durch → Neuheit und → erfinderische Tätigkeit abheben muß. Was erst am → Prioritätstag bekannt geworden ist, zählt nicht zum Stand der Technik. Wohl aber werden, was die Neuheit betrifft, die → älteren Anmeldungen zum Stand der Technik gerechnet. Hinsichtlich der erfinderischen Tätigkeit differenziert man zwischen dem Stand der Technik des Fachgebiets und fernliegendem Stand der Technik, welcher für den → Erfindungsgegenstand weniger oder gar nicht relevant ist: Handelt es sich beispielsweise bei der → Erfindung um eine neue Haustür, wird man eine → Entgegenhaltung, welche ein Scheunentor betrifft, noch als naheliegenden Stand der Technik ansehen, was bei einer Veröffentlichung, welche Flugzeughangartore zum Thema hat, wohl nicht mehr der Fall sein dürfte. Hinsichtlich der Neuheit wird der Stand der Technik weder in dieser Weise noch zeitlich differenziert; man spricht deshalb auch vom → absoluten Neuheitsbegriff. → citations, → Durchschnittsfachmann, → Mosaikarbeit, → Motivation, → references, → statutory invention registration

statutory invention registration, {gesetzliche Registrierung von Erfindungen}, normalerweise ist eine beim → USPTO anhängige → application bis zum → grant of patent and → issue geheim (→ U.S.-Patentrecht). Es besteht aber für den → applicant oder den → assignee die Möglichkeit, auf → Antrag die application als statutory invention registration oder als → defensive publication ohne → Examination veröffentlichen zu lassen. Hierzu muß die application alle formalen Voraussetzungen einer → Patentschrift erfüllen. Die defensive publication hat nicht die → Wirkung eines → Patents, sondern zählt nur als druckschriftlicher → Stand der Technik, der allerdings andere daran hindert, denselben → Erfindungsgegenstand noch einmal zum Patent anzumelden.

Stoffschutz, {protection of materials, – of products, – of substances}, → chemische Erzeugnisse, → Mittelanspruch, → Patentansprüche, → Sachanspruch

Streichung von Merkmalen, {cancellation of –, deletion of characteristics, – of elements, – of features}, der → Verzicht auf Anmeldungsteile, etwa zum Zwecke der → Beschränkung, ist jederzeit möglich und kann häufig durch Streichung erfolgen, wie beispielsweise bei der Aufzählung „Wasser, Aceton und Isopropanol" durch Streichung von Aceton. Häufig passiert es jedoch, daß eine Streichung eine → unzulässige Erweiterung darstellt. So bewirkt die Streichung von Aceton bei dem Anspruch: „1. Reinigungsmittel, enthaltend Wasser, Aceton und Isopropanol", eine erhebliche Erweiterung des → Schutzumfangs. → introduction of new matter

Streitpatent, {litigious patent}, ist das → Patent, mit dem ein Streit ausgetragen wird, d.h. das Patent, aus dem der → Patentinhaber einen Benutzer oder → Verletzer wegen → Verletzung verklagt. → Benutzungshandlungen, → Patentstreitkammern, → strittiges Patent, → Verletzungsprozeß

Streitwert, {value of matter in dispute}, ist der vom Gericht in einer beschwerdefähigen Entscheidung (→ Beschwerde) festgesetzte wirtschaftliche Wert des Streitgegenstandes, z.B. im → Verletzungsprozeß der geforderte Schadensersatz. Steht außerdem noch ein Unterlassungsanspruch (→ Unterlassung) zur Debatte, kann der Streitwert erheblich höher sein (z.B. wenn der Beklagte eine Fabrik schließen muß). Nach dem Streitwert richten sich die Gerichts- und Anwaltskosten. Da Patentstreitsachen (→ Verletzungsprozeß) häufig Streitwerte in Millionenhöhe haben, kann eine wirtschaftlich schwache Partei auch Streitwertherabsetzung beantragen.

strittiges Patent, {contested patent}, ist ein → Patent, gegen das → Einspruch oder → Nichtigkeitsklage erhoben wurde und dessen → Patentfähigkeit daher strittig ist. → Streitpatent

subject matter of the invention, – of the patent, {→ Erfindungsgegenstand}, → Gegenstand des Patents

substance claim, {→ Sachanspruch}, → Patentansprüche, → product claim, product-by-process-Patentanspruch, → Stoffschutz

synergistischer Effekt, {synergistic effect}, liegt vor, wenn die Wirkung von mehreren Elementen in einer → Kombination anders und/oder größer ist als die Wirkungssumme der Einzelelemente. Ein Beispiel eines echten synergistischen Effekts ist die flammhemmende Wirkung der Kombination Antimonoxid + Organobromverbindungen in Kunststoffen; diese liegt bei weitem höher als die flammhemmende Wirkung der einzelnen Komponenten. Synergistische Effekte werden auch bei der gemeinsamen Anwendung von Arzneimitteln beobachtet. Ein synergistischer Effekt wird häufig für Kombinationen aus bekannten Elementen geltend gemacht, um sie vor dem Einwand, es handele sich ja bloß um eine → Aggregation, zu bewahren. → besonderer unerwarteter technischer Effekt

T

technische Lehre, {technical teaching}, → Lehre zum technischen Handeln

technischer Fortschritt, {advance in the art}, ist als selbständige Voraussetzung der → Patentfähigkeit entfallen. Er hat aber nach wie vor große Bedeutung als Beweisanzeichen für das Vorliegen von → erfinderischer Tätigkeit (→ besonderer unerwarteter technischer Effekt, → synergistischer Efekt). Angaben zum technischen Fortschritt können in aller Regel auch noch lange nach der → Anmeldung der → Erfindung nachgereicht werden (z.B. daß die beanspruchte Verbindung neben einer herbiziden auch noch eine fungizide Wirkung hat) und stellen dann keine → unzulässige Erweiterung dar.

Teilanmeldung, {→ divisional application}, → Ausscheidung, → Teilung von Anmeldungen

Teilung von Anmeldungen, {division of applications}, seitens des → Anmelders ist in → DE jederzeit möglich. Ist die Anmeldung in → DE zum → Patent geworden, kann dieses sogar noch bis zur Beendigung des Einspruchsverfahrens (→ Einspruch, → Beschwerde) geteilt werden. Auch eine beim → USPTO anhängige → application ist jederzeit teilbar (→ divisional application). Eine beim → EPA anhängige Anmeldung kann dagegen nur bis zu dem Zeitpunkt geteilt werden, an dem der Anmelder gegenüber dem EPA sein Einverständnis mit der erteilungsfähigen Fassung seiner Anmeldung erklärt (→ Erteilung). Die Teilung einer Anmeldung dient insbesondere dazu, auf den patentfähigen Teil (→ Patentfähigkeit) möglichst schnell ein Patent zu erhalten. Die Teilung kann aber auch aus Gründen der → Einheitlichkeit erforderlich werden (→ restriction), wenn der Anmelder sein gesamtes Schutzbegehren weiterverfolgen will. In jedem Fall sind bei der Teilung für die → Teilanmeldungen alle Gebühren nachzuentrichten.

Teilung von Patenten, {division of patents}, ist bei deutschen indes nicht bei europäischen → Patenten noch bis zum Ende des → Einspruchsverfahrens (→ Einspruch, → Beschwerde) möglich.

terminal disclaimer, {Freigabe des Patents für den Rest der Laufzeit}, → double patenting rejection, → term of patent, → Verzicht

term of patent, {→ Laufzeit}

Territorialitätsprinzip, {territorial scope}, die → gewerblichen Schutzrechte entfalten ihre → Wirkung nur in den und für die Länder, in denen sie angemeldet (→ Anmeldung) worden und in Kraft getreten sind (→ Erteilung) und dann im weiteren auch aufrechterhalten werden (→ Aufrechterhaltung, → Rechtskraft, → Rechtsstand): so wirkt ein deutsches → Patent in den U.S.A. allerhöchstens als → prior art und nicht als → Verbietungsrecht; eine ältere britische Anmeldung (→ ältere Anmeldung) steht der → Patentfähigkeit einer jüngeren deutschen Anmeldung nicht hindernd im Wege; ein europäisches Patent, welches nur für die → Vertragsstaaten (→ Benennung) → DE und → NL erteilt worden ist, entfaltet in den übrigen 12 Vertragsstaaten keine → Wirkung. → Parallelimporte

Topographieschutz, {microchip protection}, oder genauer der Schutz der Topographie von mikroelektronischen Halbleitererzeugnissen wird in → DE im Halbleiterschutzgesetz geregelt. Der Schutzgegenstand ist nicht das Erzeugnis als solches, sondern lediglich dessen dreidimensionale Struktur, sofern diese nicht bloß die Nachbildung einer anderen Struktur oder nur alltäglich ist. D.h. die Topographie muß „Eigenart" aufweisen; sie muß jedoch nicht auf → erfinderische Tätigkeit oder einen → erfinderischen Schritt (→ Gebrauchsmuster) zurückgehen oder „Eigentümlichkeit" (→ Geschmacksmuster) haben. Der Topographieschutz beginnt nicht erst mit der → Anmeldung, sondern bereits mit der ersten öffentlichen Verwendung innerhalb der EWG, wenn die Topographie danach binnen zweier Jahre beim → DPA angemeldet wird. Die Schutzdauer endet zehn Jahre nach Schutzbeginn.

U

Überbestimmungen, {redundant definitions}, wie z.B im Anspruch: „1. Verfahren, dadurch gekennzeichnet, daß man das flüssige Gemisch destilliert und hierbei einen Teil der Flüssigkeit in die Gasphase gelangen läßt", dienen häufig der Vortäuschung von Besonderheiten und sind daher unstatthaft. Geradezu schädlich sind die widersprüchlichen Überbestimmungen wie etwa im Anspruch: „1. Blauer Farbstoff der Struktur....mit einem Absorptionsmaximum bei 500 nm". D.h. der Farbstoff absorbiert im blaugrünen Spektralbereich und sollte daher rot sein. Überbestimmungen können häufig nicht mehr geheilt werden, wenn nicht festgestellt werden kann, was eigentlich gemeint war. → Offenbarungsmangel, → Unterkombination

überflüssige Angaben, {superfluous statements}, sollen in der → Beschreibung von → Anmeldungen vermieden werden, jedoch sollte diese Forderung der → Patentämter nicht allzu wörtlich genommen werden. Als überflüssige Angaben gelten solche, welche für das Verständnis der → Erfindung entbehrlich sind; indes ist fraglich für wen. So sehen es der → Erfinder oder der → Anmelder als selbstverständlich an, was unter dem Begriff „Erhitzen" zu verstehen ist, jedoch können ihm das → DPA oder das → EPA und die → Einsprechenden einen Strick daraus drehen, daß er nicht angegeben hat, wie lange und wie hoch erhitzt werden soll (→ Offenbarungsmangel). So dürfte in der Angabe C_1- bis C_4-Alkohole wie Ethanol, Ethanol überflüssig sein. Indes wird hierdurch ein Dritter daran gehindert, hier noch eine → Auswahlerfindung zu machen. Es sollten daher im Zweifelsfall lieber zuviel als zuwenig Angaben gemacht werden.

Gehören Angaben nicht oder nicht mehr zur → Erfindung, sind sie nicht überflüssig sondern unstatthaft (z.B. längere Ausführungen über die physiologische Wirkung von Ethanol, nachdem diese Verbindung aus der → Anmeldung gestrichen worden ist). → Unterkombination

Überraschung, {surprise}, mit dem Hinweis, der Effekt sei völlig überraschend gewesen, wird routinemäßig versucht, das Vorliegen → erfinderischer Tätigkeit glaubhaft zu machen (→ Glaubhaftmachung). Es herrscht sogar die irrige Meinung, der Effekt müsse immer überraschend sein, da andernfalls keine → Erfindung vorliege. Richtig ist, daß die Maßnahme, mit welcher der Effekt erzielt wird, für den Durchschnittsfachmann nicht naheliegen darf: z.B. war es bekannt, daß Isopropanol ein vorzügliches Lösungsmittel ist; es war daher keinesfalls überraschend, sondern es lag nahe, daß es das Lösevermögen von Wasser für bestimmte Stoffe erheblich verbessert; indes war es nicht → naheliegend, Isopropanol einem wasserhaltigen Reinigungsmittel zuzusetzen, welches einen besonders schonenden Reinigungseffekt entfalten soll. Ließ sich der Effekt berechnen, was jede Überraschung von vornherein ausschließt, kommt es darauf an, ob die Berechnung nahegelegen hat oder nicht. Wäre dies anders, gäbe es beispielsweise auf dem Gebiet der Elektronik keine Erfindungen mehr. → Vorurteil

Uneinheitlichkeit, {lack of unity}, → Einheitlichkeit

ungelöstes dringendes Bedürfnis, {longfelt need}, die Befriedigung eines ungelösten dringenden Bedürfnisses durch eine neue → technische Lehre kann als Beweisanzeichen für das Vorliegen → erfinderischer Tätigkeit gewertet werden. → wirtschaftlicher Erfolg

Unionspriorität, {convention priority}, → Priorität, → PVÜ

unity of invention, {→ Einheitlichkeit}, → divisional application, → election, → restriction

unmittelbare Patentverletzung, {infringement of a patent}, ist gegeben, wenn von den → Benutzungsarten ohne Zustimmung (→ Lizenz) des → Patentinhabers Gebrauch gemacht wird. → mittelbare Patentverletzung, → Verletzung

unmittelbarer Gegenstand des Patents, {claimed subject matter}, → Gegenstand des Patents, → Schutzbereich

unmittelbares Verfahrenserzeugnis, {products directly obtained from a process}, → Herstellungsverfahren

Unteranspruch, {→ dependant claim}, → Patentansprüche

Unterkombination, {generic combination, subcombination}, sind beispielsweise in einem Anspruch wie: „1. Reinigungsmittel, enthaltend A) Wasser, B) Aceton und C) Isopropanol", die Merkmale A, B und C kennzeichnend (Dreierkombination), so erstreckt sich der → Schutzbereich in aller Regel nicht auf die viel weitere, fälschlicherweise als Unterkombination bezeichnete Zweierkombination A und C [„Reinigungsmittel, enthaltend A) Wasser und C) Isopropanol"], es sei denn, das gestrichene Merkmal B (Aceton) war offensichtlich überflüssig und daher bedeutungslos für die Ermittlung des Schutzbereichs. → Überbestimmung, → überflüssige Angaben

Unterlassung, {injunction}, der → Patentinhaber hat das uneingeschränkte Recht vom → Verletzer die Unterlassung der → Verletzung zu verlangen, also unabhängig von irgendwelchen Billigkeitserwägungen und davon, ob der Verletzer schuldlos war, weil er von dem → Patent gar nichts wissen konnte. → Vorbenutzungsrecht, → Zwischenbenutzungsrecht

Untersuchungsgrundsatz, {examination ex officio, investigation ex officio}, → Offizialmaxime

unzulässige Erweiterung, {→ introduction of new matter}, nach Einreichung der → Anmeldung sind alle → Änderungen sowohl in der → Beschreibung als auch in den → Patentansprüchen unzulässig, wenn sie den Gegenstand der Anmeldung erweitern. Beispielsweise kann das ursprüngliche Merkmal „Carbonsäure" nicht zu dem viel allgemeineren Merkmal „Säure" erweitert werden. Unzulässig ist aber auch die nachträgliche Nennung einer Spezies innerhalb eines bestimmten allgemeinen Bereichs (z.B. die Nennung von Essigsäure als Carbonsäure). Es gilt daher die Grundregel, daß alle Änderungen mit Ausnahme eines → Verzichts oder einer → Beschränkung, welche durch die → Offenbarung gestützt ist (z.B. die Beschränkung auf Essigsäure aufgrund der Offenbarung: „.... Carbonsäuren wie Ameisensäure, Essigsäure und Buttersäure, von denen die Essigsäure besonders vorteilhaft ist."), unzulässige Erweiterungen darstellen. Keine unzulässigen Erweiterungen sind Nachträge zum →

Stand der Technik und die dadurch bedingte Änderung der → Aufgabe sowie Nachträge zur Erläuterung von → erfinderischer Tätigkeit und → technischem Fortschritt. → continuation-in-part application

Urheberrecht, {copyright law}, Werke der Literatur, Wissenschaft und Kunst im weitesten Sinne sowie neuerdings auch → Computerprogramme (→ Patentierungsverbote) sind vom Augenblick ihres Entstehens an geschützt, sofern sie neu und eigentümlich (entspricht in etwa der → erfinderischen Tätigkeit) sind, d.h. auf einer gewissen schöpferischen Leistung beruhen. Der Schutz tritt unabhängig davon ein, ob das Werk veröffentlicht ist oder nicht, und braucht auch nicht beantragt zu werden; es fallen daher auch keine Gebühren an. Das Urheberpersönlichkeitsrecht (→ Erfinderpersönlichkeitsrecht) verbleibt dem Urheber, veräußerbar oder vererbbar sind nur die Verwertungsrechte. Das Urheberrecht erlischt 70 Jahre nach Tod des Urhebers, im Falle von Lichtbildern 25 Jahre nach deren Erscheinen.

Ursprungsanmeldung, {application establishing priority}, → Auslandsanmeldung, → Priorität

US, Abk. für die U.S.A.

U.S.-Patentrecht, {U.S. Patent Law, United States Code (Abk. U.S.C.) Title 35 – Patents}, gegenüber dem → EPÜ und dem deutschen Patentrecht weist das U.S.-Patentrecht die folgenden gravierenden Unterschiede auf:

- Es gilt das → Erfinderprinzip und nicht das → Anmelderprinzip, the → first-to-invent erhält das → Patent und nicht der → first-to-file (→ interference) -

- Es existiert kein → Patentierungsverbot für medizinische Verfahren, welche am menschlichen oder tierischen Körper ausgeübt werden -

- → Einsprüche gegen U.S.-Patente sind nicht vorgesehen, es ist nur eine teure, restriktive → reexamination möglich -

- der → Patentinhaber kann sein Patent auch noch nach dem → grant of patent and → issue im Rahmen einer → reissue ändern (vgl. → Zäsurwirkung) -

- Es gibt eine einjährige → Neuheitsschonfrist oder → grace period für → Erfinder, sie können also zunächst publizieren und dann erst anmelden, was aber das Aus für ihre nachträglichen → Auslandsanmeldungen in → EP oder → JP bedeuten kann -

- Es existiert kein → Vorbenutzungsrecht; nach U.S.-Auffassung soll derjenige, welcher der Öffentlichkeit seine Erfindung zu seinem eigenen wirtschaftlichen Vorteil vorenthält, auch das Risiko tragen, daß ein anderer dieselbe

Erfindung zum Patent anmeldet; hieraus resultiert de facto ein Patentierungszwang -

- → Verwendungsansprüche, use claims, sind nicht zulässig, dies ist bei der Ausarbeitung einer → Auslandsanmeldung für die U.S.A. zu beachten (use claims are useless) -

- Die → applications sind bis zum → grant of patent and → issue geheim, → Patentlagen für die U.S.A. sind daher immer mit einem gewissen Unsicherheitsfaktor behaftet, d.h. es können nachträglich U.S.-Patente auftauchen, von denen man nichts hat wissen können -

- Der → term of patent beginnt ab → grant of patent and → issue (→ Date of Patent) und nicht wie fast überall sonst auf der Welt ab dem → Anmeldetag; da sich aber die → Examination wegen der → Rechtsmittel → continuation, → continuation-in-part, and → divisional applications, → appeal zum → Board of Patent Appeals and Interferences und zu noch höheren Instanzen (→ CAFC) und → interference inclusive appeal zu höheren Instanzen fast beliebig in die Länge ziehen kann oder bewußt ziehen läßt, kann es passieren, daß ein Patent erst Jahrzehnte! nach seiner Anmeldung erteilt wird und dann auf einen vollentwickelten Markt trifft – so geschehen im Falle des Gouldschen Laserpatents, das nach 30! Jahren Rechtsstreit 1988 erteilt worden ist und den Erfinder im Alter zu einem sehr reichen Mann gemacht hat.

USPTO, {U.S.-Patentamt}, Abk. für United States Patent and Trade Mark Office, Sitz in Crystal City, Arlington, Virginia. Das USPTO ist nicht dem Department of Justice sondern dem Department of Commerce angegliedert. → Examiner

V

validity, {Rechtsgültigkeit}, → invalidity, → presumption of validity

Verbietungsrecht, {right to forbid}, die → gewerblichen Schutzrechte sind von ihrem Wesen her Verbietungsrechte: nur dem Inhaber des Schutzrechts ist es gestattet, den Schutzrechtsgegenstand zu benutzen; allen anderen kann er dies verbieten. Dies bedeutet aber nicht, daß der Inhaber zuerst ein Schutzrecht erwerben muß, damit er seine → Entdeckung oder → Erfindung selber ausüben darf. Ein Schutzrecht wie ein → Patent hat demnach nicht die Natur eines „behördlichen Erlaubnisscheins". → Benutzungsarten, → Schutzbereich, → Patentinhaber, → Verletzer, → Verletzung

Vereinigte Staaten von Amerika, {U.S.A.}, Abk. → US

Vereinigtes Königreich, {United Kingdom}, Abk. → GB

Verfahrensanspruch, {→ process claim}, → Arbeitsverfahren, → Herstellungsverfahren, → Patentansprüche

Verfahrensstand, {legal status, state of the proceedings}, → Rechtsstand

Vergleichsversuche, {→ Comparative Examples}, oder Vergleichsbeispiele brauchen nicht in einer → Anmeldung vorhanden zu sein, weil sie nicht dem Nachweis der → Ausführbarkeit dienen. In den allermeisten Fällen sollen sie belegen, daß der → Stand der Technik nachteilig ist und daß die Erfindung einen → besonderen unerwarteten technischen Effekt zur Folge hat, aus dem sich die → erfinderische Tätigkeit herleiten läßt (→ declaration, → Überraschung).

Ein Vergleichsversuch soll einem konkreten Beispiel des → Standes der Technik entsprechen, welcher der → Erfindung am nächsten liegt. Häufig werden aber diese Beispiele des Standes der Technik abgewandelt oder mit anderen Beispielen kombiniert, wodurch ein künstlicher Stand der Technik geschaffen wird, gegen den eigentlich nicht verglichen werden darf. Liegt z.B. die Erfindung in der gemeinsamen Verwendung von Wasser, Aceton und Isopropanol in einem Reinigungsmittel und ist es einerseits aus dem Beispiel der → Entgegenhaltung 1 bekannt, Wasser als Reinigungsmittel zu verwenden, und geht andererseits aus einem Beispiel der Entgegenhaltung 2 die Verwendung von Isopropanol als Lösungsmittel hervor, so sollte nur gegen das Beispiel der Entgegenhaltung 1 (= nächstliegender Stand der Technik) und nicht gegen das der Entgegenhaltung 2 (= fernerliegender Stand der Technik) und schon gar nicht gegen ein Reinigungsmittel, enthaltend Wasser und Isopropanol (= künstlicher Stand der Technik) verglichen werden, denn dieses war noch nicht existent! Leider sind Vergleichsversuche oftmals Glückssache, weil sich der wahre nächstliegende Stand der Technik häufig erst im Verlauf der → Prüfung oder eines → Einspruchsverfahrens herausstellt.

Verletzer, {contributory infringer, infringer}, benutzen (→ Benutzungsarten) den Gegenstand eines → gewerblichen Schutzrechts z.B. den → Gegenstand eines Patents ohne die Zustimmung (→ Lizenz) des Schutzrechtsinhabers (→ Patentinhaber) oder sie tragen zu der rechtswidrigen Benutzung des Gegenstandes bei (→ mittelbare Patentverletzung).

Verletzung, {infringement}, wer ohne Zustimmung (→ Lizenz) des Schutzrechtsinhabers (→ Patentinhaber) vom Schutzrechtsgegenstand (→ Gegenstand des Patents) Gebrauch macht (→ Benutzungsarten), kann vom Schutzrechtsinhaber oder von dessen ausschließlichem → Lizenznehmer wegen Patentverletzung auf → Unterlassung, Beseitigung (von Waren und Werbematerial), Schadensersatz und Veröffentlichung des Urteils in der Presse gerichtlich in Anspruch genommen werden. Eine Patentverletzung ist auf → Antrag des → Patentinhabers in Deutschland strafbar (Geldstrafe oder Gefängnis bis zu 5 Jahren; letzteres kommt aber praktisch nicht vor). Zuständig für Verletzungssachen sind die → Patentstreitkammern. → mittelbare Patentverletzung, → unmittelbare Patentverletzung, → Verletzungsprozeß

Verletzungsprozeß, {patent litigation}, wird in Deutschland bei einem der hierfür zugelassenen Landgerichte (→ Patentstreitkammern) angestrengt. Die → Berufung ergeht zum Oberlandesgericht, die → Revision zum → BGH. Der Verletzungsrichter ist an das → Streitpatent gebunden, er kann es nicht für ungültig erklären. Wendet der Verletzungsbeklagte die Ungültigkeit des → Patents ein, muß diese durch → Nichtigkeitsklage beim → Bundespatentgericht festgestellt werden. In diesem Falle kommt es in der Regel zu einer → Aussetzung des Verletzungsprozesses, bis über die Nichtigkeitsklage entschieden ist, sofern diese aussichtsreich erscheint; ansonsten wird der Prozeß nicht ausgesetzt. → Streitwert

Veröffentlichung, {publication}, → Offenlegungsschrift, → statutory invention registration

verschlechterte Ausführungsform, {inferior embodiment}, kann zum → Schutzbereich des → Patents gehören, wenn vom Prinzip der → Erfindung Gebrauch gemacht wird. Ist z.B. bei einem Reinigungsmittel, welches Wasser, Aceton und Isopropanol enthält, Isopropanol der wesentliche Bestandteil, kann sich der → Verletzer meistens nicht mit Erfolg darauf berufen, sein Reinigungsmittel enthalte ja nur Wasser und Isopropanol oder sein entsprechendes Reinigungsverfahren (→ Arbeitsverfahren) funktioniere schlechter als das des Patents. → Unterkombination

verspätetes Vorbringen, {belated presentation}, von Beweismitteln kann im → Einspruchs- oder Beschwerdeverfahren (→ Einspruch, → Beschwerde) unberücksichtigt bleiben. Ist z.B. der Einspruch nicht zulässig, weil nicht mit Gründen versehen, hilft verspätetes Vorbringen nach Ablauf der → Einspruchsfrist nichts mehr: der Einspruch gilt als nicht erhoben! Im Nichtigkeitsverfahren (→ Nichtigkeitsklage) ist verspätetes Vorbringen nicht unzulässig. → neues Vorbringen

Vertragsstaaten, {contracting states}, des → EPÜ, welche vom → Anmelder einer europäischen Patentanmeldung (→ Anmeldung) benannt werden können (→ Benennung) und in denen dann das europäische → Patent seine → Wirkung entfaltet, sind → AT (Österreich), → BE (Belgien), → CH/LI (Schweiz und Liechtenstein), → DE (Deutschland), → DK (Dänemark), → ES (Spanien), → FR (Frankreich), → GB (Vereinigtes Königreich), → GR (Griechenland), → IT (Italien), → LU (Luxemburg), → NL (Niederlande) und → SE (Schweden).

Vertraulichkeit, {confidence, confidentiality}, wird beispielsweise bei innerbetrieblichen Beziehungen oder bei Beziehungen zwischen Betrieb und Kunde im Falle der Erprobung von Versuchsprodukten sowie zwischen Verlag und Autor bis zur Publikation vermutet. Vertrauliche Mitteilungen sind daher → prima facie nicht öffentlich und daher auch nicht neuheitsschädlich (→ Neuheit, → Stand der Technik). Wird die Vertraulichkeit jedoch gebrochen, wirkt die Sache (z.B. das Versuchsprodukt) neuheitsschädlich gegen die eigene → Anmeldung, sofern es sich nicht um eine → widerrechtliche Entnahme handelt, die eine → Neuheitsschonfrist nach sich zieht. Es ist daher bei sämtlichen Mitteilungen äußerste Sorgfalt walten zu lassen, solange keine Anmeldung eingereicht ist. Mit Firmenfremden sind dabei stets → Geheimhaltungsvereinbarungen abzuschließen.

Verwarnung, {admonition}, eines → Verletzers sollte regelmäßig einer Klage vorausgehen. Leichtfertige oder ungerechtfertigte Verwarnung kann als unerlaubte Handlung gewertet werden und Gegenansprüche nach sich ziehen. → Verletzungsprozeß

Verwechslungsgefahr, {danger of confusion, – of similarity}, ist einer der zentralen Begriffe im Warenzeichenrecht (→ Warenzeichen). Er besagt, daß ein Warenzeichen nicht nur nicht mit identischen älteren Warenzeichen oder freizuhaltenden Bezeichnungen wie Prima, Super etc. kollidieren, sondern daß es hiermit nicht einmal verwechslungsfähig sein darf. Verwechslungsgefahr setzt allerdings die Gleichartigkeit von Waren und Dienstleistungen voraus. Dies hat indes nichts mit der Einteilung von Waren und Dienstleistungen in Klassen zu tun, sondern gleichartig ist all das, was der beteiligte Geschäfts- und Handelsverkehr als gleichartig ansieht. Die Verwechslungsgefahr ist daher aus der Sicht der Verkehrsauffassung zu beurteilen und muß bei allen beteiligten Verkehrskreisen ggf. durch Umfrage ermittelt werden.

Verwendungsanspruch, {use claim}, → Mittelanspruch, → Patentansprüche, → U.S.-Patentrecht

Verwerfung, {dismissal}, ein → Rechtsmittel (z.B → Einspruch oder → Beschwerde) wird verworfen, wenn es zwar als erhoben oder eingelegt gilt, aber den sonstigen gesetzlichen Bestimmungen nicht genügt; z.B. wenn der Einspruch nicht begründet war oder wenn der → Beschwerdeführer nicht am Verfahren beteiligt und daher nicht berechtigt war, Beschwerde zu erheben.

Verwirkung, {forfeiture, laches}, die berechtigten Ansprüche eines → Patentinhabers gegen einen → Verletzer können verwirkt sein, wenn der Verletzer nach Lage der Dinge nicht mehr mit einer Klage (→ Verletzungsprozeß) rechnen muß. Dies ist z.b. dann der Fall, wenn der Verletzer eine Fabrik zur Durchführung des geschützten Verfahrens gebaut und der Patentinhaber all dem ohne → Verwarnung und Klage zugesehen hat.

Verzicht, {→ abandonment, → disclaimer}, ist die Willenserklärung eine Sache oder einen → Anspruch aufzugeben. Der Verzicht kann ausdrücklich sein, was der Verzichtleistende nur noch durch umgehende Anfechtung rückgängig machen kann. Man sollte daher stets als erstes auf den Gebrauch des Wortes Verzicht verzichten! Oder aber der Verzicht ergibt sich aus der Auslegung dessen, was der Verzichtleistende wohl gemeint hat – z.B. mit: „Wir beabsichtigen, die → Anmeldung fallen zulassen"; oder mit: „An und für sich wollen wir Anspruch 5 nicht mehr weiterverfolgen". Gilt es als Verzicht, dann muß er dies hinnehmen.

Der Verzicht setzt dem → Schutzbereich absolute Grenzen, welche auch offensichtliche → Äquivalenzen zerschneiden wie etwa bei Natronlauge und Kalilauge, wenn auf letztere verzichtet wird. Auch eigene positive Formulierungen können als ein Verzicht auf Ähnliches oder technisch Gleichwirkendes (→ Äquivalenz) gewertet werden, wenn die betreffenden Begriffe der Kennzeichnung der → Erfindung dienen: So schließt die Angabe „sekundäres Amin" die Verwendung von primären Aminen, die Angabe „achteckig" andere Eckzahlen oder die Angabe „tert.-Butanol" die Verwendung von n-Butanol aus.

→ Beschränkung gilt als Verzicht, wenn sie im Hinblick auf den → Stand der Technik zur Abwendung der → Zurückweisung einer → Anmeldung oder des → Widerrufs eines → Patents vorgenommen wird. Eine formal erzwungene Beschränkung, z.B. auf genau 141°C, wenn kein Temperaturbereich, sondern nur ein → Beispiel mit 141°C offenbart (→ Offenbarung) war, gilt hingegen regelmäßig nicht als Verzicht auf alle anderen Temperaturen.

Vorbenutzungsrecht, {right to continued use}, die → Wirkung eines → Patents tritt in → DE gegen denjenigen nicht ein, welcher vor dem → Prioritätstag des Patents die → Erfindung bereits genutzt oder ernsthafte Vorbereitungen hierfür getroffen hatte. Voraussetzung ist allerdings, daß er, der Vorbenutzer, im → Erfindungsbesitz war; z.B. hat er das patentierte Reinigungsmittel aus Wasser, Aceton und Isopropanol schon lange vor dessen → Anmeldung hergestellt und in eigenem Betrieb verwendet. Er ist an diese Ausführungsform der Vorbenutzung gebunden und kann nicht von Aceton auf Methylethylketon (→ Äquivalenz, → Schutzbereich) umsteigen, wenn ihm dies auch noch so vorteilhaft erscheint. Die Vorbenutzung ist auch keine → Lizenz sondern ist an den Betrieb gebunden und kann nur zusammen mit diesem veräußert werden.

Insgesamt ist das Vorbenutzungsrecht sehr eng, so daß es sich nur in Ausnahmefällen empfiehlt, eine Erfindung geheimzuhalten (→ Betriebsgeheimnis). Ein solcher Ausnahmefall ist dann gegeben, wenn die → Verletzung des betreffenden Patents nicht oder nur mit sehr großem Aufwand nachgewiesen werden könnte. Dies kann insbesondere bei → Herstellungsverfahren oder → Arbeitsverfahren der Fall sein. Eine Vorbenutzung muß derzeit dem → Patentinhaber nicht gemeldet werden; sie dient lediglich als Verteidigung bei einer Klage wegen → Verletzung. → intervening rights, → reissue

Vorrichtung, {device}, → Patentansprüche

Vorteil, {advantage}, → Aufgabe, → besonderer unerwarteter technischer Effekt, → erfinderische Tätigkeit, → technischer Fortschritt, → Überraschung

Vorurteil, {prejudice}, die Überwindung eines Vorurteils der → Fachwelt wird häufig geltend gemacht, um das Vorliegen → erfinderischer Tätigkeit glaubhaft zu machen. Oft handelt es sich aber nur um die eigenen vorgeschobenen Befürchtungen des → Anmelders oder → Erfinders wie z.B.: „Wir hegten schon immer Bedenken gegen die Verwendung von Aceton in Reinigungsmitteln, weil..."; welche indes kein Vorurteil darstellen. Ein Vorurteil muß sich ganz klar aus dem → Stand der Technik ergeben – z.B. durch Formulierungen in einer → Entgegenhaltung wie: „Aceton hat eine große Lösungskraft für Lackschichten aus...; es sollte daher nicht mit diesen in Berührung gebracht werden".

Vorveröffentlichungen, {prior publications}, bilden, wie der Name sagt, den druckschriftlich vorveröffentlichten → Stand der Technik; die → älteren Anmeldungen zählen nicht dazu.

Vorwegnahme, {→ anticipation}, → Neuheit, → Neuheitsschonfrist, → novelty

W

Wahrheitspflicht, {duty of candor}, ist in → DE zwar ausdrücklich gesetzlich vorgeschrieben, ein Verstoß hiergegen bleibt jedoch ohne Sanktionen. In den U.S.A. führt die Verletzung der Wahrheitspflicht (→ fraud) zur → invalidity des → Patents.

Warenzeichen, {trade marks}, sind durch das Warenzeichengesetz geschützte Handelsbezeichnungen (Wort und/oder Bildzeichen) und dienen zur Herkunftsbezeichnung von Waren und Dienstleistungen. Der Schutz entsteht durch Eintragung beim → DPA. Ihre Laufzeit ist praktisch unbegrenzt, wenn die Erneuerungsgebühren rechtzeitig gezahlt werden. Zuständig für Warenzeichensachen sind das DPA, das → Bundespatentgericht und der → BGH. Für Warenzeichenstreitsachen gibt es keine speziellen Streitkammern (→ Patentstreitkammern). Der wirtschaftliche Wert von Warenzeichen und damit der → Streitwert ist häufig außerordentlich hoch, besonders im Fall berühmter Marken wie Coca Cola, Persil und Mercedes.

Die Angabe von Warenzeichen anstelle von genauen Beschaffenheitsangaben in → Anmeldungen und → Patenten ist nur in Ausnahmefällen zulässig und sollte wegen der Gefahr der → mangelhaften Offenbarung (wer weiß schon genau, was in Persil oder Coca Cola alles drin ist!) vermieden werden.

Weiterbenutzungsrecht, {right of continued use}, wird zuweilen mit dem → Vorbenutzungsrecht verwechselt, jedoch ist dieser Begriff in → DE dem seltenen Fall vorbehalten, daß ein erloschenes → Patent durch → Wiedereinsetzung wieder auflebt, ein Dritter aber nach dem → Erlöschen die Benutzung (→ Benutzungsarten) des → Gegenstands des Patents aufgenommen hat.

widerrechtliche Entnahme, {unlawful usurpation}, ist die gänzliche oder teilweise Veröffentlichung des → Erfindungsgegenstandes oder dessen → Anmeldung zum → Patent durch einen unbefugten Dritten (→ geistiger Diebstahl). Widerrechtliche Entnahme hat für den Geschädigten eine → Neuheitsschonfrist (→ Neuheit) zur Folge, innerhalb derer er die → Erfindung doch noch anmelden kann (→ Geheimhaltungsvereinbarungen). Sie ist auch ein → Einspruchsgrund, wobei der → Einsprechende die Übertragung des → Patents auf seinen Namen verlangen oder unter Inanspruchnahme der ursprünglichen → Priorität neu anmelden kann.

Widerruf des Patents, {revocation of the patent}, aufgrund eines → Einspruchs geschieht → ex tunc wie bei dem Widerruf aufgrund einer → Nichtigkeitsklage. → Aufrechterhaltung, → Erlöschen

Wiedereinsetzung (in den vorigen Stand), {restitutio in integrum}, gibt es nur für denjenigen, welcher ohne eigenes Verschulden eine → Frist versäumt hat. Die Wiedereinsetzung bedarf nach deutschem Recht des → Antrags bei der Stelle, bei der die Frist versäumt wurde, und zwar innerhalb von zwei Monaten nach Wegfall des Hindernisses (z.B. Krankheit oder Streik). In dieser Frist muß auch die versäumte Handlung nachgeholt werden. Mehr als 1 Jahr nach Ablauf der versäumten Frist gibt es keine Wiedereinsetzung mehr.

Achtung: Bei den gesetzlichen Fristen für → Einspruch, → Beschwerde des Einsprechenden gegen die → Aufrechterhaltung des → Patents und die Nachanmeldung (→ Auslandsanmeldung, → innere Priorität, → Priorität) gibt es in→ DE grundsätzlich keine Wiedereinsetzung. → Weiterbenutzungsrecht

Wiederholbarkeit, {reproducibility}, ist eine Voraussetzung der → Patentfähigkeit, welche vor allem auf dem Gebiet der → mikrobiologischen Erfindungen eine wesentliche Rolle spielt. Die Wiederholbarkeit, welche auf diesem Gebiet ebenso problematisch ist wie die → Ausführbarkeit (das neue Bakterium kann ja beispielsweise „über Nacht" mutieren), wird durch → Hinterlegung gelöst.

WIPO, {-}, Abk. für World Industrial Property Organization, vormals World Intellectual Property Organization, mit dem Sitz in Genf; sie ist u.a. zuständig für die → internationalen Patentanmeldungen nach dem → PCT. → Internationales Büro, → PVÜ

Wirkung des Patents, {legal effect of a patent}, → Benutzungsarten, → mittelbare Patentverletzung, → Patentinhaber, → Schutzbereich, → unmittelbare Patentverletzung, → Verletzer, → Verletzung, → Verletzungsprozeß

wirtschaftlicher Erfolg, {economic success}, kann als Beweisanzeichen für das Vorliegen → erfinderischer Tätigkeit gewertet werden. → ungelöstes dringendes Bedürfnis

withdrawal, {→ Zurückziehung}, → Verzicht

Wortlaut der Ansprüche, {wording of the claims}, → Schutzbereich

Z

Zäsurwirkung, {legal effect of the decision of grant}, nach der Erteilung des → Patents ist es in → DE und → EP unzulässig z.B. im Einspruchsverfahren (→ Einspruch) auf die ursprünglich breitere → Offenbarung zurückzugreifen; außerdem ist in aller Regel kein Wechsel der Anspruchskategorien (→ Patentansprüche) mehr statthaft (vgl. indes → reissue, → U.S.-Patentrecht).

Zeichnungen, {drawings}, dienen häufig zur Veranschaulichung der → Erfindung, sie müssen aber in der → Beschreibung vollständig und möglichst genau erläutert werden, da nicht erläuterte Merkmale in der Regel nicht zur → Offenbarung gerechnet und nicht zur Bestimmung des Schutzbereichs herangezogen werden können. Formal gesehen dürfen Zeichnungen nur knappe Bezugszeichen wie Zahlen oder Buchstaben und einfache Ausdrücke wie „auf"/„zu" enthalten.

Zufall, {contingency}, die Zufälligkeit einer → Erfindung, auch zufälliger glücklicher Griff genannt, steht der → Patentfähigkeit nicht hindernd im Wege.

zugelassener Vertreter beim Europäischen Patentamt, {→ European Patent Attorney}, → Europäischer Patentvertreter

zulassungsfreie Rechtsbeschwerde, {appeal on point of law free of admission}, → Rechtsbeschwerde

Zurücknahme des Patents, {revocation ex officio}, ist der exotische Fall, daß ein → Patent unter bestimmten Voraussetzungen im nationalen Interesse von Amts wegen zurückgenommen wird.

Zurückverweisung, {remand, remission}, eines anhängigen Falls z.B vom → Bundespatentgericht zurück an die → Patentabteilung des → DPA oder von der → Beschwerdekammer des → EPA zurück an die → Einspruchsabteilung oder → Prüfungsabteilung (generell: von der übergeordneten Instanz zur Vorinstanz) zur weiteren → Prüfung in der Sache. Zurückverwiesen werden Fälle unter anderem auch deswegen, um der Partei oder den Parteien nicht eine Instanz zu nehmen, wenn neue Sachfragen aufgetaucht sind. Nach der Zurückverweisung läuft das Verfahren in der ersten Instanz meist wieder normal weiter mit erneuter Möglichkeit der → Beschwerde oder der → Berufung.

Zurückweisung, {→ rejection}, von → Anmeldungen wegen formaler Mängel oder fehlender → Patentfähigkeit oder von → Einsprüchen wegen Unzulässigkeit ist beschwerdefähig (→ Beschwerde). Die Zurückweisung einer → Beschwerde ist nur bedingt beschwerdefähig (→ Rechtsbeschwerde).

Zurückziehung, {→ withdrawal}, einer → Anmeldung oder eines → Einspruchs ist gleichzusetzen mit dem → Verzicht auf die Fortsetzung des Anmelde- oder Einspruchsverfahrens.

Zusammenfassung, {→ abstract}, ist eine formale Anmeldeerfordernis. Sie ist eine kurze Beschreibung der → Erfindung zu Dokumentationszwecken und zu Zwecken der Unterrichtung der → Öffentlichkeit. Sie wird in der → Offenlegungsschrift veröffentlicht. Die Zusammenfassung gehört nicht zu den Bestandteilen der Anmeldung, welche am → Anmeldetag vorliegen müssen (= die → Beschreibung, die → Patentansprüche und gegebenenfalls die → Zeichnungen), sondern sie kann nachgereicht werden. Sie hat keine Rechtswirkung; so kann sie z.B. nicht für die Ermittlung des → Schutzbereichs herangezogen werden.

Zusatzanmeldung, {application of addition}, kann in → DE innerhalb von 18 Monaten nach der → Priorität der → Hauptanmeldung eingereicht werden. Nach der Offenlegung der Hauptanmeldung (→ Offenlegungsschrift) können keine Zusatzanmeldungen mehr getätigt werden. Die Zusatzanmeldungen sind gebührenfrei, solange die Hauptanmeldung noch lebt. Fällt die Hauptanmeldung weg, tritt die erste Zusatzanmeldung in die Gebührenpflicht der früheren

Hauptanmeldung ein und wird zur neuen Hauptanmeldung. Der Sinn von Zusatzanmeldungen liegt darin, daß der → Erfinder oder → Anmelder noch bis zum Offenlegungstag der ersten → Anmeldung seine → Erfindung weiterentwickeln und die weiterentwickelte Erfindung kostengünstig anmelden kann.

Zusatzpatent, {patent of addition}, → Zusatzanmeldung

Zweckbindung, {restriction to intended use}, → Mittelanspruch, → zweite medizinische Indikation

zweite medizinische Indikation, {second medical use}, der nochmalige Schutz für ein Arzneimittel, welches bereits als Arzneimittel für eine erste Indikation oder Heilanzeige bekannt und ggf. auch beansprucht war, ist nach heutiger Rechtsauffassung möglich. So ist z.B. die schmerzstillende Wirkung (= erste Indikation) der Acetylsalicylsäure (Aspirin) seit langem bekannt. Vor einigen Jahren hat man nun gefunden, daß die Verbindung als blutverdünnendes Mittel wirkt und Herzinfarkt verhindern kann (= zweite Indikation). Aufgrund dieser zweiten Indikation ist der nochmalige Schutz für Acetylsalicylsäure durch einen → Verwendungsanspruch möglich geworden, welcher aus Gründen des → Patentierungsverbots für therapeutische Verfahren der Medizin z.B. wie folgt zu formulieren wäre: „1. Verwendung von Acetylsalicylsäure zur Herstellung eines Arzneimittels zur Behandlung des Herzinfarkts". Der → Patentinhaber, dessen → Patent diese zweite Indikation schützt, kann zwar nicht den Verkauf von Aspirin als Schmerzmittel unterbinden, er kann aber z.B. verhindern, daß auf den betreffenden Verpackungen Hinweise auf die zweite Indikation angebracht werden.

Zwiebelschalenmodell, {-}, eine → Anmeldung soll in logischer Hinsicht wie eine Zwiebel aufgebaut sein, d.h. der harte Kern der → Erfindung soll von tiefgestaffelten Vorzugsbereichen (Zwiebelschalen) umgeben sein, welche dem → Anmelder in der → Prüfung auf → Patentfähigkeit oder dem → Patentinhaber bei einem → Einspruch Rückzugsmöglichkeiten durch → Beschränkung eröffnen. Ist beispielsweise der beanspruchte kennzeichnende (→ Anspruchsfassung) Temperatur- und Druckbereich von 100 bis 200 °C und von 1 bis 200 bar durch eine → Entgegenhaltung im Bereich von 165 bis 180 °C und 5 bis 90 bar neuheitsschädlich getroffen (→ Neuheit), so hat man schlechte Karten, wenn man in der → Beschreibung nicht vorsorglich einen bevorzugten engeren Bereich (Zwiebelschale) von 110 bis 160 °C und 95 bis 150 bar angegeben hat, der sich mit dem der Entgegenhaltung nicht überschneidet.

Zwischenbenutzungsrecht, {right arising out of intermediate use}, nimmt jemand den → Gegenstand eines fremden Patents nach dessen → Priorität aber vor dessen Veröffentlichung ohne vorhergehende → Offenlegungsschrift, also ohne Kenntnis des entgegenstehenden → Patents auf, ist dies dennoch →

Patentverletzung. Dem → Verletzer verbleibt in diesem Fall, anders als im Fall des → Vorbenutzungsrechts, kein sogenanntes Zwischenbenutzungsrecht.

Fachbegriffe deutsch-englisch

Die Wortliste enthält in alphabetischer Ordnung die englischen bzw. die U.S.-amerikanischen Äquivalente zu den in diesem Lexikon aufgeführten deutschen Begriffen. Die englischen und/oder deutschen Begriffe, bei denen es sich um Stichworte des lexikalischen Teils handelt, werden durch den Querverweispfeil „→" hervorgehoben. Sollte zu einem deutschen Ausdruck kein englisches oder U.S.-amerikanisches Äquivalent existieren, wird dies durch „—" als Auslassungszeichen kenntlich gemacht.

- → **abhängige Ansprüche**, → dependant claims
- → **abhängiges Patent**, subservient patent
- → **absolute Eintragungshindernisse**, statutory bar to trade mark registration
- → **absolute Neuheit**, universal novelty
- → **Abzweigung**, branching
- → **ältere Anmeldung**, prior application
- → **älteres Recht**, prior right
- → **Änderung der Patentanmeldung**, → amendment, correction of an application
- → **äquivalente Anmeldungen und Schutzrechte**, corresponding applications and industrial property rights
- → **Äquivalenz**, → equivalence
- → **Aggregation**, aggregation
- → **Akteneinsicht**, inspection of files
- **aktenkundige Hemmnis**, → file wrapper estoppel
- **amtliche Feststellung der Erteilungsfähigkeit**, → Notice of Allowance
- → **Amtssprache**, official language
- → **Analogieverfahren**, analogous process
- → **Anhörung**, → interview, hearing
- → **Anmeldeamt**, Receiving Office
- → **Anmeldepflicht**, obligation to file an application
- → **Anmelder**, → applicant
- → **Anmelderprinzip**, → first-to-file (system)
- → **Anmeldetag**, → filing date
- → **Anmeldung**, → application
- → **Anspruch**, → claims, title
- → **Anspruchsfassung**, type of claim
- → **Antrag**, → application, motion, petition, proposal, request
- **Antrag auf Teilweiterbehandlung**, → CIP, → continuation-in-part application
- → **Arbeitnehmererfinderrecht**, law relating to inventions of employees

→ **Arbeitsverfahren**, process, method
→ **Arzneimittel**, pharmaceuticals
→ **AT**, Austria
→ **AU**, Australia
Aufforderung zur Beschränkung, → restriction requirement
→ **Aufgabe der Erfindung**, object of the invention
→ **aufgeschobene Prüfung**, deferred examination
→ **Aufrechterhaltung**, → maintenance, keeping in force
augenscheinliches Naheliegen, → prima facie case of obviousness
→ **Ausführbarkeit der Erfindung**, feasibility, practicability
→ **Ausführungsform**, embodiment
Ausgabe, → issue
Ausgabetag, → Date of Patent
→ **ausgewählte Ämter**, Elected Offices
→ **Auslandsanmeldungen**, applications filed abroad
→ **Auslandsentscheid**, decision where to file abroad
→ **Auslandstext**, draft of the application to be filed abroad
→ **Auslegeschrift**, published examined application
→ **Ausscheidung**, division
→ **Aussetzung**, suspension
→ **Ausstellungspriorität**, priority based on an exhibition
→ **Australien**, Australia
Auswahl, → election
→ **Auswahlerfindung**, selection invention

→ **BE**, Belgium
→ **Belgien**, Belgium
→ **Belohnungstheorie**, —
→ **Beispiele**, → Examples
→ **Bekanntmachung**, official publication
→ **Benennung**, designation
→ **Benutzungsarten**, modes of use
Berichtigung, → amendment
→ **Berufung**, → appeal
→ **Bescheid**, communication, notice, → office action
→ **Beschränkung**, limitation, → restriction
→ **Beschreibung**, → specification
→ **Beschwerde**, → appeal
→ **Beschwerdeführer**, → appellant, appealer
→ **Beschwerdegegner**, opponent, respondent
→ **Beschwerdekammer**, Board of Appeal

→ **besonderer unerwarteter technischer Effekt**, unexpected superior effect,
 - results
beste Ausführungsform, → best mode
bestehend aus, → consisting of
→ **Bestimmungsämter**, Designated Offices
→ **Betriebsgeheimnis**, trade secret
→ **Betrug**, → fraud
Bewilligung, → allowance
→ **BGH**, —
→ **Bündelpatent**, —
→ **Bundesgerichtshof**, —
→ **Bundespatentgericht**, —
→ **Bundessortenamt**, —

→ **CA**, Canada
→ **CAFC**, Court of Appeal for the Federal Circuit
→ **Chemie-Erfindungen**, chemical inventions
→ **chemische Erzeugnisse**, chemical compositions, chemical products, chemical substances
→ **CH/LI**, Switzerland and Liechtenstein
→ **CIP**, → continuation-in-part application
→ **Computerprogramme**, software

→ **Dänemark**, Denmark
→ **DE**, Germany
defensive Veröffentlichung, → defensive publication
Designpatente, → design patents
→ **Deutschland**, Germany
→ **Diensterfinder**, employed inventor
→ **DK**, Denmark
→ **DPA**, German Patent Office
→ **Durchschnittsfachmann**, person skilled in the art, → skilled artisan

eidesstattliche Erklärung, → affidavit, → declaration
eidesstattliche Meinungserklärung, → opinion declaration
Einführung nicht ursprünglich offenbarter Merkmale, → introduction of new matter
→ **Eingabe**, submission
→ **Eingangsprüfung**, examination on filing
→ **Einheitlichkeit**, → unity of invention
→ **Einsprechender**, opponent

→ **Einspruch**, opposition
→ **Einspruchsabteilung**, opposition division
→ **Einspruchsfrist**, period for entering opposition
→ **Einspruchsgründe**, grounds for opposition
→ **Einspruchsverfahren**, opposition proceedings
„**Einverleibung**" **durch Bezugnahme**, → incorporation by reference
Einwand, → objection
→ **Einwände des Verletzungsbeklagten**, objections of the defendant in an action for infringement
→ **Elementenschutz**, protection of separate elements of a combination
endgültige Zurückweisung, → final rejection
→ **Entdeckung**, discovery
→ **entgangener Gewinn**, lost profits
→ **Entgegenhaltungen**, → citations, → references
enthaltend, → comprising, → containing
→ **Entschädigungsanspruch**, claim for damages
→ **EP**, Europe
→ **EPA**, EPO
→ **EPÜ**, EPC
→ **Erfinder**, → inventor
→ **Erfinderbenennung**, naming of the inventor
→ **Erfinderdollar**, inventor's dollar
Erfindereid und Übertragungserklärung, → inventor's oath and declaration
erfinderisch, → non-obvious
→ **erfinderische Tätigkeit**, inventive step
→ **erfinderischer Schritt**, inventive step
→ **Erfindernennung**, mention of the inventor
→ **Erfinderpersönlichkeitsrecht**, personal rights of the inventor
→ **Erfinderprinzip**, → first-to-invent (system)
→ **Erfinderrecht**, inventor's right
→ **Erfindervergütung**, award to the inventor
→ **Erfindung**, → invention
→ **Erfindungsbesitz**, possession of the invention
→ **Erfindungsgegenstand**, → subject matter of the invention, subject matter of the patent
→ **Erfindungshöhe**, level of invention, inventivity
→ **Erfindungsmeldung**, notification of invention
Erheblichkeit, → materiality
Erlaß, → issue
→ **Erlöschen**, expiration
→ **Erschöpfung des Patentrechts**, consumption of the patent rights

→ **Ersterfinderprinzip**, → first-to-invent (system)
→ **Erteilung**, → grant of patent
Erteilungsakte, → file history
Erteilungsfähigkeit, → allowability
Erwiderung, → response
→ **ES**, Spain
→ **Europa**, Europe
→ **europäischer Patentvertreter**, → European Patent Attorney
→ **europäischer Recherchenbericht**, European Search Report
→ **Europäisches Patentamt**, European Patent Office
→ **Europäisches Patentübereinkommen**, European Patent Convention
→ **ex nunc**, —
→ **ex tunc**, —

→ **Fachmann**, person skilled in the art, → skilled artisan
→ **Fachwelt**, public
→ **fertige Erfindung**, complete invention
→ **FI**, Finland
→ **Finnland**, Finland
→ **Formalprüfung**, examination as to formal requirements
→ **Fortschritt**, advance in the art
→ **FR**, France
→ **Frankreich**, France
→ **Freigabe**, release
Freigabe des Patents für den Rest der Laufzeit, → terminal disclaimer
→ **Fristen**, deadline, due date, period, term, time limit
Fristverlängerung, → extension (of time)

→ **GB**, Great Britain, United Kingdom
→ **Gebrauchsmuster**, utility model
→ **Gegenstand des Patents**, → subject matter of the invention, subject matter of the patent
→ **Geheimanmeldung**, secret application
→ **Geheimhaltungsvereinbarungen**, → secrecy agreements
→ **geistiger Diebstahl**, plagiarism
→ **Gemeinschaftspatentübereinkommen**, Community Patent Convention
→ **Geschmacksmuster**, registered design
gesetzliche Registrierung von Erfindungen, → statutory invention registrations
→ **gewerbliche Anwendbarkeit**, industrial applicability, industrial practicabilty, industrial usability

→ **gewerbliche Schutzrechte**, industrial property rights
→ **gewerblicher Rechtsschutz**, legal protection of industrial property rights
→ **gewerbsmäßige Benutzung**, industrial use
→ **Glaubhaftmachung**, substantiation
gleichzeitig anhängige Anmeldungen, → copending applications
→ **GPÜ**, CPC
→ **GR**, Greece
→ **Großbritannien**, Great Britain
→ **Große Beschwerdekammer**, Enlarged Board of Appeal

→ **Hauptanmeldung**, → parent application
→ **Hauptanspruch**, → main claim
→ **Hauptpatent**, main patent, original patent
→ **Heilverfahren**, medical treatment, therapy
→ **Herstellungsverfahren**, process of manufacture
→ **Hilfsanträge**, auxiliary requests, subsidiary requests
→ **Hinterlegung von Mikroorganismen**, deposition of microorganisms

→ **Identität**, identity
im wesentlichen bestehend aus, → consisting essentially of
im wesentlichen enthaltend, → consisting essentially of
→ **Inanspruchnahme**, laying claim to
→ **Inanspruchnahme der Priorität**, claiming priority
→ **Inhalt der Anmeldung in der ursprünglich eingereichten Fassung**, content of the application as filed
→ **innere Priorität**, priority based on an earlier application filed in the DPA
→ **internationale Patentanmeldung**, International patent application
→ **internationale Phase**, International stage
→ **internationale Recherchenbehörde**, International Searching Authority
→ **internationale vorläufige Prüfung**, International Preliminary Examination
→ **internationaler Recherchenbericht**, International Search Report
→ **internationales Büro**, International Bureau
→ **Inverkehrbringen**, placing a patented article on the market
→ **Irrtümer**, errors
→ **IT**, Italy
→ **Italien**, Italy

→ **Jahresgebühren**, → maintenance fees
→ **Japan**, Japan
→ **JP**, Japan
→ **JPO**, Japanese Patent Office

Kaiserliches Japanisches Patentamt, → Japanese Patent Office
→ **Kanada**, Canada
→ **Kategorie**, category
→ **kennzeichnender Teil**, characteristics, characterizing part
→ **Klassen**, classes
Kollision von Erfindungen, → interference
→ **Kombination**, combination
Korrekturbescheinigung, → certificate of correction
→ **korrespondierende Anmeldungen und Schutzrechte**, corresponding applications and industrial property rights

→ **Laufzeit**, → term of patent
→ **Lehre zum technischen Handeln**, technical teaching
→ **LI**, Liechtenstein
→ **Liechtenstein**, Liechtenstein
→ **Lizenz**, license
→ **Lizenzgeber**, licensor
→ **Lizenzgebühr**, license duty, royalty
→ **Lizenznehmer**, licensee
→ **Lizenzvertrag**, license agreement
→ **Lösung**, solution of a problem
→ **LU**, Luxembourg
→ **Luxemburg**, Luxembourg

→ **mangelhafte Offenbarung**, deficient disclosure
mehrfach abhängiger Anspruch, multiple dependant claim
→ **Merkmale**, characteristics, elements, features
→ **Merkmalsanalyse**, —
→ **mikrobiologische Erfindungen**, microbiological inventions
→ **mit der internationalen vorläufigen Prüfung beauftragte Behörde**, International Preliminary Examining Authority
→ **Mittelanspruch**, means claim
→ **mittelbare Patentverletzung**, contributory infringement of a patent
→ **Monopolprinzip**, —
→ **Mosaikarbeit**, combination of prior art references
→ **Motivation**, motivation
→ **mündliche Verhandlung**, oral proceedings

→ **Nachanmeldung**, subsequent application
Naheliegen, → obviousness
→ **naheliegend**, → obvious

→ **nationale Phase**, National stage
→ **Naturstoffe**, natural products
→ **Nebenanspruch**, alternative independant claim
→ **neues Vorbringen**, presentation of new facts and arguments
→ **Neuheit**, → novelty
→ **Neuheitsrecherche**, search for prior art
→ **Neuheitsschonfrist**, → grace period
→ **Nichtangriffsklausel**, non-contestability clause
→ **Nichtigkeitsklage**, action for revocation, nullity suit, plea for nullity
→ **nicht naheliegend**, → non-obvious
nicht ursprünglich offenbarte Merkmale, → new matter
→ **Niederlande**, Netherlands
→ **NL**, Netherlands
→ **NO**, Norway
→ **Norwegen**, Norway

→ **Oberbegriff**, generic part of claim, preamble
→ **Öffentlichkeit**, public, publicity
→ **Österreich**, Austria
→ **Offenbarung**, → disclosure, enabling disclosure
→ **Offenbarungsmangel**, deficiency of the disclosure
→ **offenkundige Vorbenutzung**, public prior use
→ **Offenlegungsschrift**, unexamined laid-open patent application
→ **Offensichtlichkeitsprüfung**, formalities examination
→ **Offizialmaxime**, examination by an office of its own motion, investigation ex officio

→ **papierner Stand der Technik**, dead-wood patents, paper patents
→ **Parallelanmeldung**, → copending application
→ **Parallelimporte**, parallel imports
→ **Patent**, letters patent, patent
→ **Patentabteilung**, patent division, patent department
→ **Patentamt**, patent office
→ **Patentanmelder**, → applicant
→ **Patentanmeldung**, patent application
→ **Patentansprüche**, → claims
→ **Patentanwalt**, patent attorney
→ **Patentassessor**, —
→ **Patentblätter**, → Official Gazettes, Official Journals
→ **Patenterteilung**, → grant of patent
→ **Patentfähigkeit**, → patentability

→ **Patentfamilie**, patent family
→ **Patentgegenstand**, subject matter of the patent
→ **Patentierungsverbote**, exceptions to patentability, non-patentable inventions
→ **Patentinhaber**, patentee
→ **Patentklassifikation (internationale)**, International classification of patents
→ **Patentlage**, patent situation
→ **Patentschrift**, patent specification
→ **Patentstreitkammern**, —
→ **Patentverletzung**, infringement of a patent
→ **PCT**, Patent Cooperation Treaty
→ **Pflanzen**, plants
Pflanzenpatent, → plant patent
Pflicht zur Offenbarung der besten Ausführungsform, → best mode requirement
→ **photographische Neuheit**, photographic novelty
→ **Pionierpatent**, pioneering patent
praktische Erfahrung und Wissen, → Know-How
→ **prima facie**, prima facie
→ **Priorität**, priority
→ **Prioritätsfrist**, period for claiming the right of priority
→ **Prioritätsjahr**, period for claiming the right of priority
→ **Prioritätstag**, priority date
→ **product-by-process-Patentanspruch**, product-by-process claim
→ **Prüfer**, → Examiner
→ **Prüfung**, → Examination
→ **Prüfungsabteilung**, Examining Division
→ **Prüfungsbescheid**, → Office Action
→ **Prüfungsstelle**, —
→ **PVÜ**, Paris Convention for the Protection of Industrial Property

→ **Recherche**, search
→ **Recht an dem Patent**, right to a patent
→ **Recht auf das Patent**, right to the grant of a patent
→ **Rechte aus dem Patent**, rights conferred by a patent
→ **rechtliches Gehör**, right of audience
→ **Rechtsbeschwerde**, appeal on point of law
Rechtsgültigkeit, → validity
→ **Rechtskraft**, legal force
→ **Rechtsmittel**, legal remedies

Rechtsnachfolger durch Abtretung oder Übertragung, → assignee
→ **Rechtsstand**, legal status
Rechtsungültigkeit, → invalidity
→ **Revision**, revision , review
→ **Rückbezug**, referring back to

→ **Sachanspruch**, → product claim, → substance claim
→ **Sachverständiger**, technical expert
→ **Schiedsstelle**, agency of arbitration
→ **Schreibtischpatente**, dead-wood patents, paper patents
→ **Schriftsatz**, brief
→ **Schutzbereich**, extent of protection, range of protection, → scope of claim, → scope of patent
→ **Schutzrechte**, property rights
→ **Schutzumfang**, scope of patent, scope of claim
→ **Schweden**, Sweden
→ **Schweiz**, Switzerland
→ **SE**, Sweden
→ **Spanien**, Spain
→ **Sortenschutz**, protection of plant varieties
→ **Stammanmeldung**, → parent application
→ **Stand der Technik**, → prior art
→ **Stoffschutz**, protection of materials, protection of products, protection of substances
→ **Streichung von Merkmalen**, cancellation of characteristics, elements, features, deletion of characteristics, elements, features
→ **Streitpatent**, litigious patent
→ **Streitwert**, value of matter in dispute
→ **strittiges Patent**, contested patent
→ **synergistischer Effekt**, synergistic effect
→ **technische Lehre**, technical teaching
→ **technischer Fortschritt**, advance in the art
→ **Teilanmeldung**, → divisional application
→ **Teilung von Anmeldungen**, division of applications
→ **Teilung von Patenten**, division of patents
→ **Territorialitätsprinzip**, territorial scope
→ **Topographieschutz**, microchip protection
Tragweite, → scope (of claim, of patent)

→ **Überbestimmungen**, redundant definitions
→ **überflüssige Angaben**, superfluous statements

→ **Überraschung**, surprise
umfassend, → comprising
unbilliges Verhalten, → inequitable conduct
→ **Uneinheitlichkeit**, lack of unity
→ **ungelöstes dringendes Bedürfnis**, long-felt need
→ **Unionspriorität**, convention priority
→ **unmittelbare Patentverletzung**, infringement of a patent
→ **unmittelbarer Gegenstand des Patents**, claimed subject matter
→ **unmittelbares Verfahrenserzeugnis**, products directly obtained from a process
→ **Unteranspruch**, → dependant claim
→ **Unterkombination**, generic combination, subcombination
→ **Unterlassung**, injunction
Unterstellung der Rechtsgültigkeit,→ presumption of validity
→ **Untersuchungsgrundsatz**, examination ex officio, investigation ex officio
→ **unzulässige Erweiterung**, → introduction of new matter
→ **Urheberrecht**, copyright law
→ **Ursprungsanmeldung**, application establishing priority
→ **US**, U.S.A.
U.S.-Patentamt, → USPTO
→ **U.S.-Patentrecht**, U.S. Patent Law, United States Code (U.S.C.) Title 35- Patents

→ **Verbietungsrecht**, right to forbid
→ **Vereinigte Staaten von Amerika**, U.S.A.
→ **Vereinigtes Königreich**, United Kingdom
→ **Verfahrensanspruch**, → process claim
→ **Verfahrensstand**, legal status, state of the proceedings
→ **Vergleichsversuche**, → Comparative Examples
→ **Verletzer**, contributory infringer, infringer
→ **Verletzung**, infringement
→ **Verletzungsprozeß**, patent litigation
→ **Veröffentlichung**, publication
→ **verschlechterte Ausführungsform**, inferior embodiment
→ **verspätetes Vorbringen**, belated presentation
→ **Vertragsstaaten**, contracting states
Vertrag über die internationale Zusammenarbeit auf dem Gebiet des Patentwesens, → PCT, Patent Cooperation Treaty
→ **Vertraulichkeit**, confidence, confidentiality
→ **Verwarnung**, admonition
→ **Verwechslungsgefahr**, danger of confusion, danger of similarity

→ **Verwendungsanspruch**, use claim
→ **Verwerfung**, dismissal
→ **Verwirkung**, forfeiture, laches
→ **Verzicht**, → abandonment, → disclaimer
Verzichtserklärung, → disclaimer
→ **Vorbenutzungsrecht**, right to continued use
→ **Vorrichtung**, device
→ **Vorteil**, advantage
→ **Vorurteil**, prejudice
→ **Vorveröffentlichungen**, prior publications
→ **Vorwegnahme**, → anticipation

→ **Wahrheitspflicht**, duty of candor
→ **Warenzeichen**, trade marks
Weiterbehandlungsantrag, → continuation application, → file wrapper continuation application, → FWC
→ **Weiterbenutzungsrecht**, right of continued use
→ **widerrechtliche Entnahme**, unlawful usurpation
→ **Widerruf des Patents**, revocation of the patent
→ **Wiedereinsetzung (in den vorigen Stand)**, restitutio in integrum
→ **Wiederholbarkeit**, reproducibility
wiederholte Neuanmeldung, → reissue
wiederholte Prüfung, → reexamination
→ **WIPO**, World Industrial Property Organization, vormals World Intellectual Property Organization
→ **Wirkung des Patents**, legal effect of a patent
→ **wirtschaftlicher Erfolg**, economic success
→ **Wortlaut der Ansprüche**, wording of the claims

→ **Zäsurwirkung**, legal effect of the decision of grant
→ **Zeichnungen**, drawings
→ **Zufall**, contingency
→ **zugelassener Vertreter beim Europäischen Patentamt**, → European Patent Attorney
→ **zulassungsfreie Rechtsbeschwerde**, appeal on point of law free of admission
→ **Zurücknahme des Patents**, revocation ex officio
→ **Zurückverweisung**, remand, remission
→ **Zurückweisung**, → rejection
Zurückweisung einer Anmeldung aufgrund des Doppelpatentierungsverbots, → double patenting rejection

→ **Zurückziehung**, → withdrawal
→ **Zusammenfassung**, → abstract
→ **Zusatzanmeldung**, application of addition
→ **Zusatzpatent**, patent of addition
→ **Zweckbindung**, restriction to intended use
→ **zweite medizinische Indikation**, second medical use
→ **Zwiebelschalenmodell**, —
→ **Zwischenbenutzungsrecht**, right arising out of intermediate use

Fachbegriffe englisch-deutsch

Die Wortliste enthält in alphabetischer Ordnung die deutschen Äquivalente zu den in diesem Lexikon aufgeführten englischen bzw. U.S.-amerikanischen Begriffen. Die deutschen und/oder englischen Begriffe, bei denen es sich um Stichworte des lexikalischen Teils handelt, werden durch den Querverweispfeil „→" hervorgehoben. Sollte zu einem englischen oder U.S.-amerikanischen Ausdruck kein deutsches Äquivalent existieren wird dies durch „—" als Auslassungszeichen kenntlich gemacht.

→ **abandonment**, → Verzicht
→ **abstract**, → Zusammenfassung
action for revocation, → Nichtigkeitsklage
admonition, → Verwarnung
advance in the art, → Fortschritt, → technischer Fortschritt
advantage, → Vorteil
→ **affidavit**, eidesstattliche Erklärung
agency of arbitration, → Schiedsstelle
aggregation, → Aggregation
→ **allowability**, Erteilungsfähigkeit
→ **allowance**, Bewilligung
alternative independant claim, → Nebenanspruch
→ **amendment**, → Änderung, Berichtigung
analogous process, → Analogieverfahren
→ **anticipation**, → Vorwegnahme
→ **appeal**, → Beschwerde, → Berufung
appealer, → Beschwerdeführer
appeal on point of law, → Rechtsbeschwerde
appeal on point of law free of admission, → zulassungsfreie Rechtsbeschwerde
appellant, → Beschwerdeführer
→ **applicant**, → Anmelder
→ **application**, → Anmeldung, → Antrag
application establishing priority, → Ursprungsanmeldung
application of addition, → Zusatzanmeldung
applications filed abroad, → Auslandsanmeldungen
→ **assignee**, Rechtsnachfolger durch Abtretung oder Übertragung
Australia, → Australien
Austria, → Österreich
auxiliary requests, → Hilfsanträge
award to the inventor, → Erfindervergütung

belated presentation, → verspätetes Vorbringen
Belgium, → Belgien
→ **best mode**, beste Ausführungsform
→ **best mode requirement**, Pflicht zur Offenbarung der besten Ausführungsform
Board of Appeal, → Beschwerdekammer
→ **Board of Patent Appeals and Interferences**, —
branching, → Abzweigung
brief, → Schriftsatz

→ **CAFC**, Court of Appeal for the Federal Circuit, —
Canada, → Kanada
cancellation of characteristics, - of elements, - of features, → Streichung von Merkmalen
category, → Kategorie
→ **certificate of correction**, Korrekturbescheinigung
characteristics, → kennzeichnender Teil, → Merkmale
characterizing part, → kennzeichnender Teil
chemical compositions, - products, - substances, → chemische Erzeugnisse
chemical inventions, → Chemie-Erfindungen
→ **CIP**, continuation-in-part application
→ **citations**, → Entgegenhaltungen
claimed subject matter, → unmittelbarer Gegenstand des Patents
claim for damages, → Entschädigungsanspruch
claiming priority, → Inanspruchnahme der Priorität
→ **claims**, → Anspruch, → Patentansprüche
classes, → Klassen
combination, → Kombination
combination of prior art references, → Mosaikarbeit
communication, → Bescheid
Community Patent Convention, → Gemeinschaftspatentübereinkommen
→ **Comparative Examples**, → Vergleichsversuche
complete invention, → fertige Erfindung
→ **comprising**, enthaltend, umfassend
confidence, → Vertraulichkeit
confidentiality, → Vertraulichkeit
→ **consisting essentially of**, im wesentlichen bestehend aus, im wesentlichen enthaltend
→ **consisting of**, bestehend aus
consumption of the patent rights, → Erschöpfung des Patentrechts

→ **containing**, enthaltend
content of the application as filed, → Inhalt der Anmeldung in der ursprünglich eingereichten Fassung
contested patent, → strittiges Patent
contingency, → Zufall
→ **continuation application**, Weiterbehandlungsantrag
→ **continuation-in-part application**, Antrag auf Teilweiterbehandlung
contracting states, → Vertragsstaaten
contributory infringement of a patent, → mittelbare Patentverletzung
contributory infringer, → Verletzer
convention priority, → Unionspriorität
→ **copending applications**, gleichzeitig anhängige Anmeldungen
copyright law, → Urheberrecht
correction of an application, → Änderung der Patentanmeldung
corresponding applications and industrial property rights, → äquivalente Anmeldungen und Schutzrechte
CPC, → GPÜ

danger of confusion, - of similarity, → Verwechslungsgefahr
→ **Date of Patent**, Ausgabetag
deadline, → Fristen
dead-wood patents, → papierner Stand der Technik, → Schreibtischpatente
decision where to file abroad, → Auslandsentscheid
→ **declaration**, eidesstattliche Erklärung
→ **defensive publication**, defensive Veröffentlichung
deferred examination, → aufgeschobene Prüfung
deficiency of the disclosure, → Offenbarungsmangel
deficient disclosure, → mangelhafte Offenbarung
deletion of characteristics, - of elements, - of features, → Streichung von Merkmalen
Denmark, → Dänemark
→ **dependant claim**, → abhängige Ansprüche, → Unteranspruch
deposition of microorganisms, → Hinterlegung von Mikroorganismen
→ **design patents**, Designpatente
Designated Offices, → Bestimmungsämter
designation, → Benennung
device, → Vorrichtung
→ **disclaimer**, Verzichtserklärung
→ **disclosure**, → Offenbarung
discovery, → Entdeckung
dismissal, → Verwerfung

division, → Ausscheidung
→ **divisional application**, → Teilanmeldung
division of applications, → Teilung von Anmeldungen
division of patents, → Teilung von Patenten
→ **double patenting rejection**, Zurückweisung einer Anmeldung aufgrund des Doppelpatentierungsverbots
draft of the application to be filed abroad, → Auslandstext
drawings, → Zeichnungen
due date, → Fristen
duty of candor, → Wahrheitspflicht

economic success, → wirtschaftlicher Erfolg
Elected Offices, → ausgewählte Ämter
→ **election**, Auswahl
elements, → Merkmale
embodiment, → Ausführungsform
employed inventor, → Diensterfinder
enabling disclosure, → Offenbarung
Enlarged Board of Appeal, → Große Beschwerdekammer
EPC, → EPÜ
EPO, → EPA
→ **equivalence**, → Äquivalenz
errors, → Irrtümer
Europe, → Europa
→ **European Patent Attorney**, → europäischer Patentvertreter, → zugelassener Vertreter beim Europäischen Patentamt
European Patent Convention, → Europäisches Patentübereinkommen
European Patent Office, → Europäisches Patentamt
European Search Report, → europäischer Recherchenbericht
→ **Examination**, → Prüfung
examination as to formal requirements, → Formalprüfung
examination by an office of its own motion, → Offizialmaxime
examination ex officio, → Untersuchungsgrundsatz
examination on filing, → Eingangsprüfung
→ **Examiner**, → Prüfer
Examining Division, → Prüfungsabteilung
→ **Examples**, → Beispiele
exceptions to patentability, → Patentierungsverbote
expiration, → Erlöschen
→ **extension (of time)**, Fristverlängerung
extent of protection, → Schutzbereich

feasibility, → Ausführbarkeit
features, → Merkmale
→ **file history**, Erteilungsakte
→ **file wrapper continuation application**, Weiterbehandlungsantrag
→ **file wrapper estoppel**, aktenkundige Hemmnis
→ **filing date**, → Anmeldetag
→ **final rejection**, endgültige Zurückweisung
Finland, → Finnland
→ **first-to-file (system)**, → Anmelderprinzip
→ **first-to-invent (system)**, → Erfinderprinzip, → Ersterfinderprinzip
forfeiture, → Verwirkung
formalities examination, → Offensichtlichkeitsprüfung
France, → Frankreich
→ **fraud**, → Betrug
→ **FWC**, → file wrapper continuation application

generic combination, → Unterkombination
generic part of claim, → Oberbegriff
German Patent Office, → DPA
Germany, → Deutschland
→ **grace period**, → Neuheitsschonfrist
→ **grant of patent**, → Patenterteilung
Great Britain, → Großbritannien
Greece, → Griechenland
grounds for opposition, → Einspruchsgründe

hearing, → Anhörung

identity, → Identität
→ **incorporation by reference**, „Einverleibung" durch Bezugnahme
industrial applicability, - practicability, - usability, → gewerbliche Anwendbarkeit
industrial property rights, → gewerbliche Schutzrechte
industrial use, → gewerbsmäßige Benutzung
→ **inequitable conduct**, unbilliges Verhalten
inferior embodiment, → verschlechterte Ausführungsform
infringement, → Verletzung
infringement of a patent, → Patentverletzung, → unmittelbare Patentverletzung
infringer,→ Verletzer
injunction, → Unterlassung

inspection of files, → Akteneinsicht
→ **interference**, Kollision von Erfindungen
International Bureau, → internationales Büro
International classification of patents, → Patentklassifikation (internationale)
International patent application, → internationale Patentanmeldung
International Preliminary Examination, → internationale vorläufige Prüfung
International Preliminary Examining Authority, → mit der internationalen vorläufigen Prüfung beauftragte Behörde
International Searching Authority, → internationale Recherchenbehörde
International Search Report, → internationaler Recherchenbericht
International stage, → internationale Phase
→ **intervening rights (to continued use)**, → Weiterbenutzungsrecht, → Zwischenbenutzungsrecht
→ **interview**, → Anhörung
→ **introduction of new matter**, Einführung nicht ursprünglich offenbarter Merkmale, → unzulässige Erweiterung
→ **invalidity**, Rechtsungültigkeit
→ **invention**, → Erfindung
inventive step, → erfinderischer Schritt, → erfinderische Tätigkeit
inventivity, → Erfindungshöhe
→ **inventor**, → Erfinder
inventor's dollar, → Erfinderdollar
→ **inventor's oath and declaration**, Erfindereid und Übertragungserklärung
inventor's right, → Erfinderrecht
investigation ex officio, → Offizialmaxime, → Untersuchungsgrundsatz
→ **issue**, Ausgabe, Erlaß
Italy, → Italien

Japan, → Japan
→ **Jepson type claim**, —
→ **JPO**, Japanese Patent Office

keeping in force, → Aufrechterhaltung
→ **Know-How**, praktische Erfahrung und Wissen

laches, → Verwirkung
lack of unity, → Uneinheitlichkeit
law relating to inventions of employees, → Arbeitnehmererfinderrecht
laying claim to, → Inanspruchnahme

legal effect of a patent, → Wirkung des Patents
legal effect of the decision of grant, → Zäsurwirkung
legal force, → Rechtskraft
legal protection of industrial property, → gewerblicher Rechtsschutz
legal remedies, → Rechtsmittel
legal status, → Rechtsstand, → Verfahrensstand
letters patent, → Patent
level of invention, → Erfindungshöhe
license, → Lizenz
license agreement, → Lizenzvertrag
license duty, → Lizenzgebühr
licensee, → Lizenznehmer
licensor, → Lizenzgeber
Liechtenstein, → Liechtenstein
limitation, → Beschränkung
litigious patent, → Streitpatent
long-felt need, → ungelöstes dringendes Bedürfnis
lost profits, → entgangener Gewinn
Luxembourg, → Luxemburg
→ **main claim**, → Hauptanspruch
main patent, → Hauptpatent
→ **maintenance**, → Aufrechterhaltung
→ **maintenance fees**, → Jahresgebühren
→ **Markush group**, —
→ **materiality**, Erheblichkeit
means claim, → Mittelanspruch
medical treatment, → Heilverfahren
mention of the inventor, → Erfindernennung
method, → Arbeitsverfahren
microbiological inventions, → mikrobiologische Erfindungen
microchip protection, → Topographieschutz
modes of use, → Benutzungsarten
motion, → Antrag
motivation, → Motivation
→ **multiple dependant claim**, mehrfach abhängiger Anspruch

naming of the inventor, → Erfinderbenennung
National stage, → nationale Phase
natural products, → Naturstoffe
Netherlands, → Niederlande
→ **new matter**, nicht ursprünglich offenbarte Merkmale

non-contestability clause, → Nichtangriffsklausel
→ **non-obvious**, erfinderisch, → nicht naheliegend
non-patentable inventions, → Patentierungsverbote
Norway, → Norwegen
notice, → Bescheid
→ **Notice of Allowance**, amtliche Feststellung der Erteilungsfähigkeit
notification of invention, → Erfindungsmeldung
→ **novelty**, → Neuheit
nullity suit, → Nichtigkeitsklage

object of the invention, → Aufgabe der Erfindung
→ **objection**, Einwand
objections of the defendant in an action for infringement, → Einwände des Verletzungsbeklagten
obligation to file an application, → Anmeldepflicht
→ **obvious(ness)**, → naheliegend, Naheliegen
→ **Office Action**, → Prüfungsbescheid
→ **Official Gazette**, Patentblatt
Official Journals, → Patentblätter
official language, → Amtssprache
official publication, → Bekanntmachung
→ **opinion declaration**, eidesstattliche Meinungserklärung
opponent, → Beschwerdegegner, → Einsprechender
opposition, → Einspruch
opposition division, → Einspruchsabteilung
opposition proceedings, → Einspruchsverfahren
oral proceedings, → mündliche Verhandlung
original patent, → Hauptpatent

paper patents, → papierner Stand der Technik, → Schreibtischpatente
parallel imports, → Parallelimporte
→ **parent application**, → Hauptanmeldung, → Stammanmeldung
Paris Convention for the Protection of Industrial Property, → PVÜ
patent, → Patent
→ **patentability**, → Patentfähigkeit
patent application, → Patentanmeldung
patent attorney, → Patentanwalt
Patent Cooperation Treaty, → PCT, Vertrag über die internationale Zusammenarbeit auf dem Gebiet des Patentwesens
patent department, → Patentabteilung
patent division, → Patentabteilung

patentee, → Patentinhaber
patent family, → Patentfamilie
patent litigation, → Verletzungsprozeß
patent of addition, → Zusatzpatent
patent office, → Patentamt
patent situation, → Patentlage
patent specification, → Patentschrift
period, → Fristen
period for claiming the right of priority, → Prioritätsfrist, → Prioritätsjahr
period for entering opposition, → Einspruchsfrist
person skilled in the art, → Durchschnittsfachmann, → Fachmann
personal rights of the inventor, → Erfinderpersönlichkeitsrecht
petition, → Antrag
pharmaceuticals, → Arzneimittel
photographic novelty, → photographische Neuheit
pioneering patent, → Pionierpatent
placing a patented article on the market, → Inverkehrbringen
plagiarism, → geistiger Diebstahl
→ **plant patent**, Pflanzenpatent
plants, → Pflanzen
plea for nullity, → Nichtigkeitsklage
possession of the invention, → Erfindungsbesitz
practicability, → Ausführbarkeit
preamble, → Oberbegriff
prejudice, → Vorurteil
presentation of new facts and arguments, → neues Vorbringen
→ **presumption of validity**, Unterstellung der Rechtsgültigkeit
→ **prima facie**, prima facie
→ **prima facie case of obviousness**, augenscheinliches Naheliegen
prior application, → ältere Anmeldung
→ **prior art**, → Stand der Technik
priority, → Priorität
priority based on an earlier application filed in the DPA, → innere Priorität
priority based on an exhibition, → Ausstellungspriorität
priority date, → Prioritätstag
prior publications, → Vorveröffentlichungen
prior right, → älteres Recht
process, → Arbeitsverfahren
→ **process claim**, → Verfahrensanspruch
process of manufacture, → Herstellungsverfahren
product-by-process claim, → product-by-process-Patentanspruch

→ **product claim**, → Sachanspruch
products directly obtained from a process, → unmittelbares Verfahrenserzeugnis
property rights, → Schutzrechte
proposal, → Antrag
protection of materials, - of products, - of substances, → Stoffschutz
protection of plant varieties, → Sortenschutz
protection of separate elements of a combination, → Elementenschutz
public, → Fachwelt, → Öffentlichkeit
public prior use, → offenkundige Vorbenutzung
publication, → Veröffentlichung
publicity, → Öffentlichkeit
published examined application, → Auslegeschrift

range of protection, → Schutzbereich
Receiving Office, → Anmeldeamt
redundant definitions, → Überbestimmungen
→ **reexamination**, wiederholte Prüfung
→ **references**, → Entgegenhaltungen
referring back to, → Rückbezug
registered design, → Geschmacksmuster
→ **reissue**, wiederholte Neuanmeldung
→ **rejection**, → Zurückweisung
release, → Freigabe
remand, → Zurückverweisung
remission, → Zurückverweisung
reproducibility, → Wiederholbarkeit
request, → Antrag
respondent, → Beschwerdegegner
→ **response**, Erwiderung
restitutio in integrum, → Wiedereinsetzung (in den vorigen Stand)
→ **restriction**, → Beschränkung
→ **restriction requirement**, Aufforderung zur Beschränkung
restriction to intended use, → Zweckbindung
review, → Revision
revision, → Revision
revocation ex officio, → Zurücknahme des Patents
revocation of the patent, → Widerruf des Patents
right arising out of intermediate use, → Zwischenbenutzungsrecht
right of audience, → rechtliches Gehör
right of continued use, → Weiterbenutzungsrecht

rights conferred by a patent, → Rechte aus dem Patent
right to a patent, → Recht an dem Patent
right to continued use, → Vorbenutzungsrecht
right to forbid, → Verbietungsrecht
right to the grant of a patent, → Recht auf das Patent
royalty, → Lizenzgebühr

→ **scope (of claim, of patent)**, → Schutzumfang, Tragweite
search, → Recherche
search for prior art, → Neuheitsrecherche
second medical use, → zweite medizinische Indikation
→ **secrecy agreements**, → Geheimhaltungsvereinbarungen
secret application, → Geheimanmeldung
selection invention, → Auswahlerfindung
→ **skilled artisan**, → Durchschnittsfachmann, → Fachmann
software, → Computerprogramme
solution of a problem, → Lösung
Spain, → Spanien
→ **specification**, → Beschreibung
state of the proceedings, → Verfahrensstand
statutory bar to trade mark registration, → absolute Eintragungshindernisse
→ **statutory invention registration**, gesetzliche Registrierung von Erfindungen
subcombination, → Unterkombination
→ **subject matter of the invention**, → Erfindungsgegenstand
subject matter of the patent, → Patentgegenstand
submission, → Eingabe
subsequent application, → Nachanmeldung
subservient patent, → abhängiges Patent
subsidiary requests, → Hilfsanträge
→ **substance claim**, → Sachanspruch
substantiation, → Glaubhaftmachung
superfluous statements, → überflüssige Angaben
surprise, → Überraschung
suspension, → Aussetzung
Sweden, → Schweden
Switzerland, → Schweiz
synergistic effect, → synergistischer Effekt

technical expert, → Sachverständiger
technical teaching, → Lehre zum technischen Handeln, → technische Lehre

term, → Fristen
→ **term of patent**, → Laufzeit
→ **terminal disclaimer**, Freigabe des Patents für den Rest der Laufzeit
territorial scope, → Territorialitätsprinzip
therapy, → Heilverfahren
time limit, → Fristen
trade marks, → Warenzeichen
trade secret, → Betriebsgeheimnis
type of claim, → Anspruchsfassung

unexamined laid-open patent application, → Offenlegungsschrift
unexpected superior effect, - results, → besonderer unerwarteter technischer Effekt
United Kingdom, → Vereinigtes Königreich
United States Code (U.S.C.) Title 35 - Patents, → U.S.-Patentrecht
→ **unity of invention**, → Einheitlichkeit
universal novelty, → absolute Neuheit
unlawful usurpation, → widerrechtliche Entnahme
U.S.A., → Vereinigte Staaten von Amerika
use claim, → Verwendungsanspruch
U.S. Patent Law, → U.S.-Patentrecht
→ **USPTO**, U.S.-Patentamt
utility model, → Gebrauchsmuster

→ **validity**, Rechtsgültigkeit
value of matter in dispute, → Streitwert

→ **withdrawal**, → Verzicht
wording of the claims, → Wortlaut der Ansprüche
World Industrial Property Organization, → WIPO
World Intellectual Property Organization, → WIPO

Anhang

1 Der Lebenslauf einer Anmeldung
2 Der Informationsgehalt des Deckblatts einer europäischen Patentanmeldung
3 Der Informationsgehalt des europäischen Recherchenberichts
4 Der Informationsgehalt des Deckblatts eines europäischen Patents
5 Der Informationsgehalt des Deckblatts eines U.S.-Patents

Anmerkung zu Anhang 1: Der Lebenslauf einer Anmeldung

Der deutsche → Anmelder wird seine → Patentanmeldung üblicherweise zuerst beim → DPA einreichen. Der → Anmeldetag ist dann der → Prioritätstag der → Anmeldung. Innerhalb der → Prioritätsfrist oder des → Prioritätsjahres kann der Anmelder entscheiden, ob und wo er die prioritätsbegründende Anmeldung im Ausland anmelden will (→ Auslandsentscheid, → Auslandsanmeldungen, → Auslandstext). Hat er nun innerhalb des Prioritätsjahres unter Wahrung der ursprünglichen → Priorität Auslandsanmeldungen z.B. beim → EPA und beim → USPTO eingereicht, kann er die Anmeldung in → DE fallen lassen, wenn er in seiner europäischen Patentanmeldung (→ äquivalente Anmeldungen und Schutzrechte) DE als → Vertragsstaat benannt hat (→ Benennung). Der weitere Fortgang der Verfahren vor dem EPA und dem USPTO ergibt sich aus dem → EPÜ und dem → U.S.-Patentrecht. Nach dem Ablauf des Prioritätsjahres können keine weiteren Auslandsanmeldungen unter Wahrung der Priorität mehr angemeldet werden (DEADLINE).

Anhang 1: Der Lebenslauf einer Anmeldung

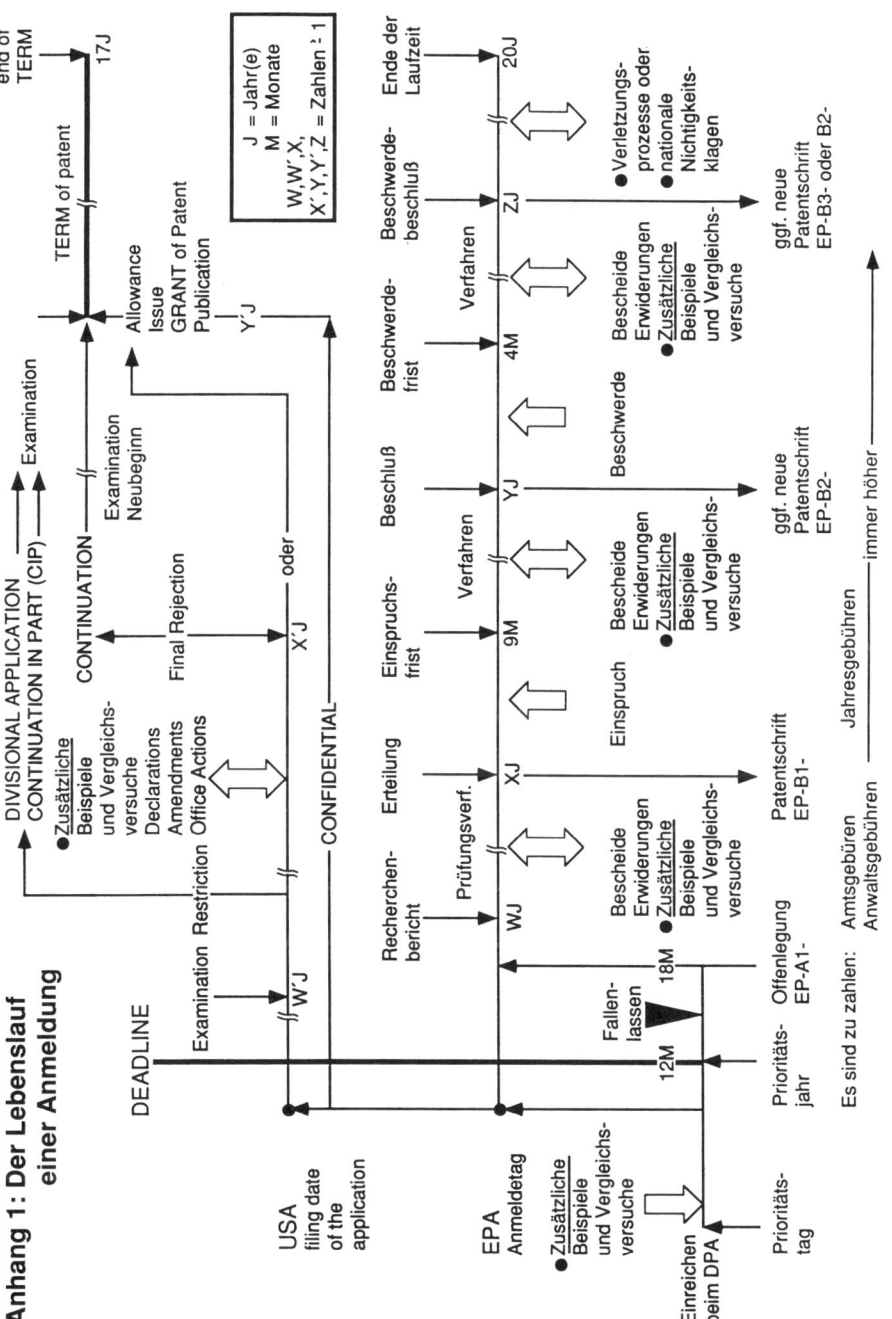

Anmerkungen zu Anhang 2 bis 5

Anhang 2 bis 5 wollen dem informationssuchenden Forscher und Entwickler ganz konkret dabei helfen, den **Deckblättern von** → **Patentschriften** oder dem → **europäischen Recherchenbericht** nicht nur die naturwissenschaftlich-technischen Daten und Fakten und die Patentnummern, sondern auch die rechtlichen Informationen zu entnehmen, welche für seine tägliche Arbeit wichtig sind oder wichtig werden können. Denn diese Informationen gestatten es ihm, die Relevanz von Schutzrechten nicht nur nach rein naturwissenschaftlich-technischen, sondern auch nach **rechtlichen Kriterien** zu beurteilen.

So entnimmt er **Anhang 2,** daß gegen eine → Offenlegungsschrift wie die vorliegende **europäische Patentanmeldung** kein → Einspruch erhoben werden kann. Wenn großes Interesse an der → Anmeldung besteht, muß deren → Rechtsstand überwacht werden, damit nach der → Erteilung des → Patents rechtzeitig (→ Fristen) dagegen Einspruch erhoben werden kann (vgl. Anhang 4). Dem Informationssuchenden wird aufgezeigt, wo er den → Prioritätstag, den → Anmeldetag (knapp 12 Monate nach dem Prioritätstag; → Prioritätsfrist), den Tag der → Veröffentlichung (ca. 18 Monate nach dem Prioritätstag) und die Einordnung der Anmeldung nach der internationalen → Patentklassifikation auf dem Deckblatt findet. Außerdem wird erläutert, welche rechtlichen Folgen die Veröffentlichung der Anmeldung für Dritte hat: sie wird druckschriftlicher → Stand der Technik (→ Entgegenhaltungen), es tritt ein vorläufiger Schutz des → Erfindungsgegenstands in den benannten → Vertragsstaaten des → EPÜ ein (→ Benennung, → Wirkung des Patents), und es wird nunmehr auch die → Akteneinsicht gestattet. Des weiteren wird auf die Bedeutung der → Zusammenfassung eingegangen.

Anhang 3 betrifft den → **europäischen Recherchenbericht,** welcher vom → EPA für die europäische Patentanmeldung (vgl. Anhang 2) erstellt wird und welcher die Grundlage für die → Prüfung auf → Patentfähigkeit bietet. Dem → Anmelder hilft der Recherchenbericht bei der Entscheidung, das Prüfungsverfahren fortzusetzen oder die → Anmeldung zurückzuziehen (→ Zurückziehung). Für einen Dritten kann der Recherchenbericht eine wertvolle Quelle für → Stand der Technik zur Vorbereitung eines → Einspruchs sein. Des weiteren wird aufgezeigt, wo die → äqivalenten oder → korrespondierenden Anmeldungen und Schutzrechte zu den im Recherchenbericht aufgeführten → Entgegenhaltungen zu finden sind (→ Patentfamilie). Ferner wird darauf hingewiesen, daß zutreffende Entgegenhaltungen dem → USPTO zur Kenntnis zu bringen sind, wenn dort eine zur vorliegenden europäischen Patentanmeldung korrespondierende U.S.-Patentanmeldung anhängig ist (→ Auslandsanmeldungen, → fraud, → prior art, → Wahrheitspflicht; Anhang 5).

Anhang 4 zeigt das **Deckblatt der europäischen** → **Patentschrift**, welche nach der → Erteilung des → Patents auf die europäische Patentanmeldung (vgl. Anhang 2) veröffentlicht worden ist. Es liegt nun ein wirksames → Verbietungsrecht vor, gegen das innerhalb von neun Monaten ab Bekanntmachung des Hinweises auf die → Patenterteilung → Einspruch erhoben werden kann. Ab dieser Bekanntmachung tritt auch der volle Patentschutz (→ Wirkung des Patents) in den benannten → Vertragsstaaten ein (→ Benennung), und der vorläufige Schutz aus der → Offenlegungsschrift wird nunmehr einklagbar. Außerdem wird darin auf die → Entgegenhaltungen aus dem → europäischen Recherchenbericht (vgl. Anhang 3) hingewiesen, welche für die → Prüfung auf → Patentfähigkeit von der → Prüfungsabteilung des → EPA in Betracht gezogen worden sind; sie können indes dennoch von Dritten für die Begründung eines Einspruchs gegen das Patent herangezogen werden. Nicht zuletzt werden die genauen Daten für die → Laufzeit und die Dauer des vorläufigen Schutzes und des Patentschutzes angegeben, wie sie sich aus dem → Anmeldetag, dem Tag der → Veröffentlichung der → Anmeldung und der Bekanntmachung des Hinweises auf die Patenterteilung ergeben.

Anhang 5 gibt das **Deckblatt des U.S.-Patents** wieder, welches auf die zur europäischen Patentanmeldung (vgl. Anhang 2) korrespondierende → application erteilt worden ist (→ allowance, → grant of patent, → issue). Auf dem Deckblatt wird vor allem auf wichtige Besonderheiten des → U.S.-Patenrechts hingewiesen: die → Laufzeit beginnt ab → Date of Patent; die → application ist bis zum Date of Patent geheim; gegen das Patent kann kein → Einspruch erhoben werden - es kann nur mit der → reexamination angegriffen werden; → applicant oder → Anmelder kann nur der → Erfinder oder → inventor sein - es sei denn er hat seine → invention oder → Erfindung an ‚den → assignee verkauft (→ Erfinderdollar); der → Anmeldetag oder → filing date ist von großer Bedeutung für die Wirkung des vorliegenden Patents als → prior art oder → Stand der Technik gegen andere U.S.-Patente. Auf den Deckblättern der U.S.-Patente wird außerdem der → Examiner oder der → Prüfer des → USPTO, welcher das Patent erteilt hat, angegeben. Des weiteren finden sich hierauf die U.S.-Anwälte, welche im Auftrag des ausländischen applicant die application eingereicht und weiterverfolgt haben. Ferner wird noch auf einen wichtigen Aspekt aufmerksam gemacht: Ganz offensichtlich verlief die → Examination der application ohn‚e größere Probleme, weil keine → continuation application (→ FWC), → continuation-in-part (→ CIP) oder → divisional application eingereicht werden mußte. Diese wären nämlich auf den Deckblättern unter der Ziffer [60] vermerkt; indes fehlt im vorliegenden Falle ein solcher Vermerk.

ANHANG 3: Informationsgehalt des europäischen Recherchenberichts

EUROPÄISCHER RECHERCHENBERICHT

0 198 488

EP 86105253.8

EINSCHLÄGIGE DOKUMENTE

Kategorie	Kennzeichnung des Dokuments mit Angabe, soweit erforderlich, der maßgeblichen Teile	Betrifft Anspruch	KLASSIFIKATION DER ANMELDUNG (Int. Cl.4)
D,X	DE - C - 1 117 391 (KALLE) * Spalte 3, Zeile 8 - Spalte 4, Zeile 39 *	1,2,5,-7,9,10	G 03 G 5/06 G 03 G 5/05 G 03 G 5/10 G 03 G 13/26
Y	EP - A1 - 0 093 330 (BASF) * Ansprüche 1-4,8-10; Seite 7, Zeile 30 - Seite 8, Zeile 34 *	1,2,5,-10	
Y	AT - B - 204 396 (KALLE) * Ansprüche; Seite 2, Zeile 59 - Seite 3, Zeile 52; Beispiele 3-6,10 *	1-3,5,-7,9,10	
Y	EP - A1 - 0 031 481 (HOECHST) * Ansprüche 1,4,8-10; Beispiel 4*	1-3,5,-10	RECHERCHIERTE SACHGEBIETE (Int. Cl.4) G 03 G speziell: Elektrographie Elektrophotographie Magnetographie

- wird veröffentlicht
- wichtige Informationsquelle zur Vorbereitung von Einsprüchen
- Entscheidungshilfe für den Anmelder, ob er seine Anmeldung prüfen lassen will
- Klasse der Internationalen Patentklassifikation
- Sektion G - Physik

Der vorliegende Recherchenbericht wurde für alle Patentansprüche erstellt.

Recherchenort	Abschlußdatum der Recherche	Prüfer
WIEN	23-07-1986	SCHÄFER

KATEGORIE DER GENANNTEN DOKUMENTEN
X : von besonderer Bedeutung allein betrachtet
Y : von besonderer Bedeutung in Verbindung mit einer anderen Veröffentlichung derselben Kategorie
A : technologischer Hintergrund
O : nichtschriftliche Offenbarung
P : Zwischenliteratur
T : der Erfindung zugrunde liegende Theorien oder Grundsätze

E : älteres Patentdokument, das jedoch erst am oder nach dem Anmeldedatum veröffentlicht worden ist
D : in der Anmeldung angeführtes Dokument
L : aus andern Gründen angeführtes Dokument

& : Mitglied der gleichen Patentfamilie, übereinstimmendes Dokument

Europäisches Patentamt

Anhang 3:
Informationsgehalt des
europäischen Recherchenberichts

A N H A N G 2: Informationsgehalt des Deckblatts einer europäischen Patentanmeldung

Europäisches Patentamt

European Patent Office

Office européen des brevets

(11) Veröffentlichungsnummer: **0 198 488**

A1 erste Veröffentlichung

- Kein Einspruch möglich, abwarten und
- Rechtsstand überwachen lassen, wenn Interesse an der Anmeldung besteht

EUROPÄISCHE PATENTANMELDUNG

nicht geprüft

- VORLÄUFIGER SCHUTZ des Anmeldegegenstands
- OFFENLEGUNGSSCHRIFT

(51) Int.Cl.⁴: **G 03 G 5/06**, G 03 G 5/05, G 03 G 5/10, G 03 G 13/26

Internationale Patentklassifikation

(19)

(12)

(21) Anmeldenummer: **86105253.8**

(22) Anmeldetag: **16.04.86** drei Tage vor Ende des Prioritätsjahres eingereicht

ca. 12 Monate

(30) Priorität: **19.04.85 DE 3514182** beim DPA eingereichte prioritätsbegründende Anmeldung

ca. 18 Monate

(43) Veröffentlichungstag der Anmeldung: **22.10.86 Patentblatt 86/43**

Nur in diesen benannten Vertragsstaaten Schutz!
Es können nicht mehr werden, nur noch weniger

(84) Benannte Vertragsstaaten: **CH DE FR GB IT LI NL**

(71) Anmelder: **BASF Aktiengesellschaft, Carl-Bosch-Strasse 38, D-6700 Ludwigshafen (DE)**

der Arbeitgeber oder der Rechtsnachfolger ist der ANMELDER und nicht der ERFINDER

(72) Erfinder: **Hoffmann, Gerhard, Dr., Pappelstrasse 22, D-6701 Otterstadt (DE)**
Erfinder: **Leyrer, Reinhold J., Dr., Menzelstrasse 4, D-6700 Ludwigshafen (DE)**
Erfinder: **Neumann, Peter, Dr., Franz-Schubert-Strasse 1, D-6908 Wiesloch (DE)**

(54) Elektrophotographisches Aufzeichnungsmaterial.

(57) Elektrophotographisches Aufzeichnungsmaterial, das in der Photoleiterschicht als Ladungsträger transportierende Verbindungen, ein Gemisch aus mindestens einer Verbindung der Formel

(I)

und mindestens einer Verbindung der Formel

(II)

im Verhältnis 9:1 bis 0,6:1, vorzugsweise 2,3:1 bis 0,8:1 enthält. In den Formeln stehen R^1 und R^2 unabhängig voneinander für Alkyl, Allyl, Phenylalkyl oder gegebenenfalls substituiertes Phenyl, R^3 und R^4 unabhängig voneinander für Wasserstoff, Alkyl, Alkoxy oder Halogen und R^5, R^7, R^8 und R^9 unabhängig voneinander für Alkyl, Phenylalkyl oder Cyclohexyl.
Die Aufzeichnungsmaterialien sind bei entsprechender Konzentration an dem Gemisch aus (I) und (II) hoch lichtempfindlich, ohne dass die üblicherweise bei hohen Konzentrationen an Ladungsträger transportierenden Verbindungen bekannten Probleme auftreten.

ZUSAMMENFASSUNG:
- nur zu Informationszwecken
- kein Stand der Technik (selbst wenn direkt zutreffend)
- kann vom EPA erstellt werden
- wird nie wieder geändert (trotz offensichtlichen Fehlers **)

RECHTSFOLGEN DER VERÖFFENTLICHUNG:
- die Anmeldung wird zum Stand der Technik
- vorläufiger Schutz des Beanspruchten (einklagbar nach Patenterteilung) tritt ein
- Akteneinsicht durch jedermann möglich (vorher war die Anmeldung geheim)

Anhang 2:
Informationsgehalt des Deckblatts
einer europäischen Patentanmeldung

ANHANG ZUM EUROPÄISCHEN RECHERCHENBERICHT **A N H A N G 3**

ÜBER DIE EUROPÄISCHE PATENTANMELDUNG NR. EP 86105253

In diesem Anhang sind die Mitglieder der Patentfamilien der im obengenannten europäischen Recherchenbericht angeführten Patentdokumente angegeben. Die Angaben über die Familienmitglieder entsprechen dem Stand der Datei des Europäischen Patentamts am 13/08/86.

Diese Angaben dienen nur zur Unterrichtung und erfolgen ohne Gewähr.

Im Recherchenbericht angeführtes Patentdokument	Datum der Veröffentlichung	Mitglied(er) der Patentfamilie	Datum der Veröffentlichung
DE-C- 1117391		GB-A- 944126 CH-A- 399181 FR-A- 1258459 LU-A- 98932 NL-A- 249484 NL-C- 131249	
EP-A- 0093330	09/11/83	DE-A- 3215968 ** JP-A- 58207049	03/11/83 02/12/83
AT-B- 204396		Keine	
EP-A- 0031481	08/07/81	DE-A- 2949826 JP-A- 56107246 CA-A- 1146794 AU-B- 539930	19/06/81 26/08/81 24/05/83 25/10/84

Gruppe äquivalenter Anmeldungen und Schutzrechte, welche jeweils auf ein und dieselbe prioritätsbegründende Anmeldung ** zurückgehen

Enthält der europäische Recherchenbericht zutreffende Entgegenhaltungen, müssen diese dem USPTO zur Kenntnis gebracht werden, wenn dort eine zur vorliegenden europäischen Patentanmeldung korrespondierende U.S.-Patentanmeldung anhängig ist; man wird dann zu diesem Zweck die englischsprachigen Mitglieder der Patentfamilie angegeben (US, AU, GB, CA).

Für nähere Einzelheiten zu diesem Anhang : siehe Amtsblatt des Europäischen Patentamts, Nr. 12/82

ANHANG 4: Informationsgehalt des Deckblatts eines europäischen Patents

(19) Europäisches Patentamt
European Patent Office
Office européen des brevets

(11) Veröffentlichungsnummer: **0 198 488**
B1 die zweite Veröffentlichung

— EINSPRUCH möglich
— VERBIETUNGSRECHT

EUROPÄISCHE PATENTSCHRIFT geprüft

(51) Int. Cl.⁴: **G 03 G 5/06**, G 03 G 5/05, G 03 G 5/10, G 03 G 13/26

(45) Veröffentlichungstag der Patentschrift: **20.07.88**
— LAUFZEIT: 20 Jahre ab Anmeldetag = bis zum 16.04.2006
— VORLÄUFIGER SCHUTZ: vom 22.10.86 bis zum 20.07.88
— PATENTSCHUTZ: vom 20.07.88 bis zum 16.04.2006
d.h. noch knapp 18 Jahre

(21) Anmeldenummer: **86105253.8**

(22) Anmeldetag: **16.04.86**

ca. 12 Monate

(54) Elektrophotographisches Aufzeichnungsmaterial.

Vom Anmelder zum Patentinhaber befördert

(73) Patentinhaber: **BASF Aktiengesellschaft**, Carl-Bosch-Strasse 38, D-6700 Ludwigshafen (DE)

(72) Erfinder: **Hoffmann, Gerhard, Dr.**, Pappelstrasse 22, D-6701 Otterstadt (DE)
Erfinder: **Leyrer, Reinhold J. Dr.**, Menzelstrasse 4, D-6700 Ludwigshafen (DE)
Erfinder: **Neumann, Peter, Dr.**, Franz-Schubert-Strasse 1, D-6908 Wiesloch (DE)

Ab hier läuft die Frist von 9 Monaten für einen Einspruch gegen das Patent

Ab dem Bekanntmachungstag tritt der volle Patentschutz in diesen Staaten ein

Vor diesem Zeitpunkt: Vorläufiger Schutz aus der Offenlegungsschrift (EP-A). Dieser wird nun rechtskräftig und einklagbar (Schadenersatz oder angemessene Entschädigung bei Verletzung)

(30) Priorität: **19.04.85 DE 3514182**
ca. 18 Monate

(43) Veröffentlichungstag der Anmeldung: **22.10.86 Patentblatt 86/43**

(45) Bekanntmachung des Hinweises auf die Patenterteilung: **20.07.88 Patentblatt 88/29**

(84) Benannte Vertragsstaaten: **CH DE FR GB IT LI NL**

(56) Entgegenhaltungen:
EP-A-0 031 481
EP-A-0 093 330
AT-B-204 396
DE-C-1 117 391

die im Prüfungsverfahren abgehandelt wurden. Sie entstammen in erster Linie aus dem Recherchenbericht. Sie können trotzdem als Stand der Technik für einen Einspruch gegen das Patent verwendet werden.

(***)

Anmerkung: Innerhalb von neun Monaten nach der Bekanntmachung des Hinweises auf die Erteilung des europäischen Patents im Europäischen Patentblatt kann jedermann beim Europäischen Patentamt gegen das erteilte europäische Patent Einspruch einlegen. Der Einspruch ist schriftlich einzureichen und zu begründen. Er gilt erst als eingelegt, wenn die Einspruchsgebühr entrichtet worden ist (Art. 99(1) Europäisches Patentübereinkommen).

LIBER, STOCKHOLM 1988

Mit der Patentschrift gelten sämtliche Aktenteile als veröffentlicht (Bescheide, eingereichte Eingaben, Versuchsberichte). Nachgereichte Beispiele werden hier (***) vermerkt: "Die Akte enthält zusätzliches Material, das in der Patentschrift...

Anhang 4:
Informationsgehalt des Deckblatts
eines europäischen Patents

A N H A N G 5: Informationsgehalt des Deckblatts eines U.S.-Patents

United States Patent [19]
Hoffmann et al.

[11] Patent Number: 4,743,521
[45] Date of Patent: May 10, 1988

[54] ELECTROPHOTOGRAPHIC MATERIAL WITH MIXTURE OF CHARGE TRANSPORT MATERIALS

[75] Inventors: Gerhard Hoffmann, Otterstadt; Reinhold J. Leyrer, Ludwigshafen; Peter Neumann, Wiesloch, all of Fed. Rep. of Germany

[73] Assignee: Basf Aktiengesellschaft, Ludwigshafen, Fed. Rep. of Germany

[21] Appl. No.: 851,247

[22] Filed: Apr. 14, 1986

[30] Foreign Application Priority Data
Apr. 19, 1985 [DE] Fed. Rep. of Germany 3514182

[51] Int. Cl.^{4} G03G 5/09; G03G 5/14; G03G 5/06
[52] U.S. Cl. 430/56; 430/49; 430/59; 430/96
[58] Field of Search 430/49, 56, 59, 96, 430/132

[56] References Cited
U.S. PATENT DOCUMENTS
3,140,174 7/1964 Clark 430/132
4,456,672 6/1984 Lingsfeld et al. .... 430/49 X

FOREIGN PATENT DOCUMENTS
58-82252 5/1983 Japan 430/56

OTHER PUBLICATIONS
Phys. Rev. Lett., 37, (1976), pp. 1360–1363.

Primary Examiner — Roland E. Martin
Attorney, Agent, or Firm — Oblon, Fisher, Spivak, McClelland & Maier

[57] **ABSTRACT**

An electrophotographic recording material contains, as charge carrier-transporting compounds in the photoconductor layer, a mixture of one or more compounds of the formula

(I)

and one or more compounds of the formula

(II)

in a ratio of from 9:1 to 0.6:1, preferably from 2.3:1 to 0.8:1. In the formulae, R^1 and R^2 independently of one another are each alkyl, allyl, phenylalkyl or unsubstituted or substituted phenyl, R^3 and R^4 independently of one another are each hydrogen, alkyl, alkoxy or halogen, and R^6, R^7, R^8 and R^9 independently of one another are each alkyl, phenylalkyl or cyclohexyl.

When the mixture of (I) and (II) is present in an appropriate concentration, the recording materials are highly photosensitive, although the problems usually encountered in the case of high concentrations of charge carrier-transporting compounds do not arise.

5 Claims, No Drawings

– der "gnädige" Prüfer die hilfreichen U.S.-Anwälte (im Ausland außer EP muß der deutsche Anmelder über nationale Anwälte anmelden)

ZUSAMMENFASSUNG:
– for information only
– Abstract darf nicht zur Auslegung des Schutzbereichs (scope) der Ansprüche (claims) herangezogen werden

W I C H T I G
– KEIN EINSPRUCH gegen das Patent möglich! (ggf. Reexamination)
– BIS ZUM DATE OF PATENT SECRET!
– BEGINN DER LAUFZEIT AB DATE OF PATENT: 17 Jahre bis zum 10.05.2005

– häufig wertvolle Quelle von Stand der Technik, prior art

– Patentklassifikation (Internationale und US)

– Es fehlt hier [60] "Related U.S. Application Data". Dies bedeutet, daß die Examination in einem Zug zum Patent geführt hat. Es war keine
– continuation (FWC)
– continuation-in-part (CIP) oder
– divisional application notwendig!

– Anmeldetag U.S. Wichtig für die Wirkung als prior art gegen andere U.S.-Patente

– In den U.S.A. darf nur der Erfinder anmelden, es sei denn er hat seine Anmeldung an den assignee (Rechtsnachfolger) verkauft (Erfinderdollar)

Anhang 5:
Informationsgehalt des Deckblatts
eines U.S.-Patents